"十二五"职业教育国家规划教材

经全国职业教育教材审定委员会审定

车削加工技术与技能

主　编　郁　冬　冯志军

副主编　徐浩宇

参　编　张静静　夏宇平

主　审　王　猛

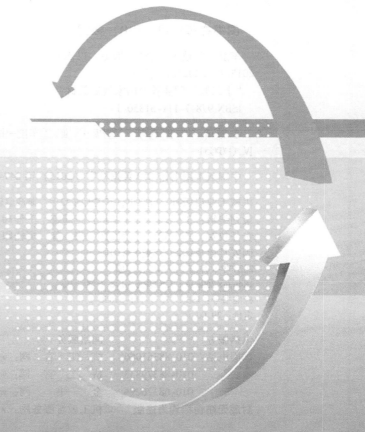

机械工业出版社

CHINA MACHINE PRESS

本书是经全国职业教育教材审定委员会审定的"十二五"职业教育国家规划教材，是根据教育部于 2014 年公布的《中等职业学校相关专业教学标准》，同时参考车工中级职业资格标准编写的。本书以项目的组织方式，将知识内容与生产实际有机结合。本书的主要内容包括车工技术与技能入门、轴类零件的加工、套类零件的加工、车削圆锥、车削三角形螺纹和车工综合技能训练。

本书可作为中等职业学校机械类专业教材，也可作为机械制造类企事业单位工程技术人员和相关车工岗位培训教材。

为便于教学，本书配套有电子课件等教学资源，选择本书作为教材的教师可来电（010-88379197）索取，或登录 www.cmpedu.com 网站，注册、免费下载。

图书在版编目（CIP）数据

车削加工技术与技能/郁冬，冯志军主编. —北京：机械工业出版社，2015.11（2024.9 重印）

"十二五"职业教育国家规划教材

ISBN 978-7-111-51850-1

Ⅰ.①车… Ⅱ.①郁… ②冯… Ⅲ.①车削-中等专业学校-教材 Ⅳ.①TG51

中国版本图书馆 CIP 数据核字（2015）第 247484 号

机械工业出版社（北京市百万庄大街 22 号　邮政编码 100037）
策划编辑：王佳玮　责任编辑：王莉娜　王佳玮　安桂芳
责任校对：陈　越　封面设计：张　静　责任印制：常天培
固安县铭成印刷有限公司印刷
2024 年 9 月第 1 版第 7 次印刷
184mm×260mm·7.5 印张·178 千字
标准书号：ISBN 978-7-111-51850-1
定价：29.00 元

电话服务　　　　　　　　　网络服务
客服电话：010-88361066　　机 工 官 网：www.cmpbook.com
　　　　　010-88379833　　机 工 官 博：weibo.com/cmp1952
　　　　　010-68326294　　金 书 网：www.golden-book.com
封底无防伪标均为盗版　　机工教育服务网：www.cmpedu.com

本书是根据教育部《关于中等职业教育专业技能课教材选题立项的函》（教职成司[2012]95号），由全国机械职业教育教学指导委员会和机械工业出版社联合组织编写的"十二五"职业教育国家规划教材，是根据教育部于2014年公布的《中等职业学校相关专业教学标准》，同时参考车工中级职业资格标准组织编写的。

本书主要介绍了6个项目，包括车工技术与技能入门、轴类零件的加工、套类零件的加工、车削圆锥、车削三角形螺纹、车工综合技能训练内容。本书重点强调培养学生思维的灵活性与逻辑性，加强学生对知识的概括能力，提高学生的职业素养和职业能力，进一步促进职业教育理念、模式的改革与创新，编写过程中力求体现以下的特色：

1. 执行新标准。本书依据最新教学标准和课程大纲要求编写，并按技能、知识、工具、态度、安全五项要求对接职业标准和岗位需求，以车间"6S"现场管理为基础，强调技术与技能的规范性、科学性、可操作性。

2. 体现新模式。本书采用理实一体化的编写模式，从职业岗位的实际需要出发，遵循"有用、够用"的原则，以项目为载体、任务为引领、教师为主导、学生为主体，让学生通过"任务描述"，自主"知识链接"，自行"任务实施"，多元"任务评价"，积极"知识拓展"，开展"课后测评"。通过学生的自主学习，充分发挥学生的主观能动性，突出"做中教，做中学"的职业教育特色。

3. 引领新技术。本书在每一个项目任务中都安排了知识拓展环节，通过知识拓展，将数控加工技术、先进刀具知识、车间"6S"现场管理规范、实际生产加工技术等内容贯穿于整个教学过程中，让学生扩充知识、树立信心，最终学有所成。

本书在内容处理上主要有以下几点说明：①操作过程力求精细化；②理论知识力求有用、够用；③图文并茂，融知识性、实践性为一体；④本书学时分配建议见下表。

项　目	任　务	学　时
项目一　车工技术与技能入门	任务一　认识CA6140型车床	2
	任务二　认识车刀	2
	任务三　安全文明生产	2
	任务四　操作CA6140型车床	4
	任务五　刃磨车刀	4
	任务六　车床保养及"6S"管理	2
项目二　轴类零件的加工	任务一　装夹工件	2
	任务二　台阶轴加工	18
	任务三　切断和车外沟槽	12

（续）

项　目	任　务	学　时
项目三　套类零件的加工	任务一　装夹工件	2
	任务二　钻孔	2
	任务三　车削内孔	12
项目四　车削圆锥	任务一　认识圆锥	6
	任务二　车削圆锥	6
项目五　车削三角形螺纹	任务一　认识螺纹	2
	任务二　车削三角形外螺纹	18
项目六　车工综合技能训练	任务一　机械用冲头加工	4
	任务二　三角形内、外螺纹配合件加工	4
	任务三　多阶台螺杆轴加工	4

　　全书由郁冬、冯志军任主编，徐浩宇任副主编，王猛任主审。具体分工如下：郁冬编写项目一和项目二，张静静编写项目三，徐浩宇编写项目四和项目六，夏宇平编写项目五，郁冬、冯志军负责统筹及统稿工作。本书经全国职业教育教材审定委员会审定，评审专家对本书提出了宝贵的建议，在此对他们表示衷心的感谢！在编写过程中，编者参阅了国内外出版的有关教材和资料，在此一并表示衷心感谢！

　　由于编者水平有限，书中不妥之处在所难免，恳请读者批评指正。

编　者

目　录

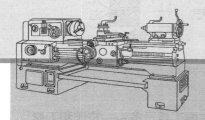

项目一

车工技术与技能入门

项 目 描 述

　　机械加工的方式与方法多种多样，车削加工是利用车床等设备对零件进行加工，是机械加工中使用最广泛的一种机床加工方法。

　　车削加工主要是利用工件的旋转运动与刀具的直线运动来改变毛坯形状和尺寸的一种金属切削方法。车削加工的范围较广，在车床上主要用于加工轴、盘、套和其他具有回转表面的工件。图1-1所示为常见车床加工工件。

图 1-1　车床加工工件

　　车削加工基本内容包括：车外圆及端面、切断和切槽、钻孔、车孔、铰孔、车内外圆锥、车成形面、车螺纹、滚花和盘绕弹簧等（图1-2）。

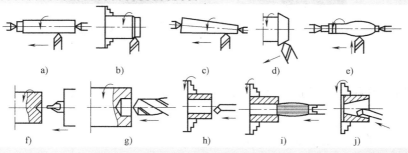

a)　　　　　b)　　　　　c)　　　　　d)　　　　　e)

f)　　　　　g)　　　　　h)　　　　　i)　　　　　j)

图 1-2　车削加工基本内容

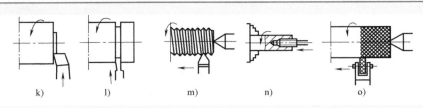

图 1-2 车削加工基本内容（续）

要想真正学好车工技术，首先要熟悉车削加工的两个主要工具设备——车床和刀具。

任务一 认识 CA6140 型车床

【学习目标】

1. 了解常见车床规格型号。
2. 熟悉常见车床的传动系统。
3. 掌握车床主要部件的名称和功用。

【任务描述】

在普通金属切削加工中，车床是最常用的一种机床设备，在现阶段制造企业生产实际中，CA6140 型车床（图 1-3）应用得最为广泛。

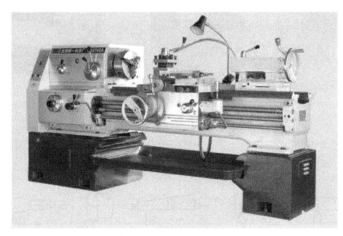

图 1-3 CA6140 型车床

车削加工主要是利用工件的旋转运动与刀具的直线运动对零件进行加工的一种金属切削方法。

想一想

（1）工件的旋转运动是如何实现的？
（2）刀具的直线运动是如何实现的？

【知识链接】

一、车床型号

我国车床型号是按照国家标准 GB/T 15375—2008 规定的，由汉字拼音和阿拉伯数字组成，以表示机床的类型和主要规格。在 CA6140 车床中，字母和数字的含义如下：

C——机床类别代号（车床类）；

A——结构特性代号（生产厂家自行制订）；

6——车床组别代号（落地及卧式车床组）；

1——车床系别代号（卧式车床系）；

40——车床主参数代号，表示车床车削的工件最大直径的十分之一（车床上工件最大回转直径为 400mm）。

二、车床各部分名称及作用（图1-4）

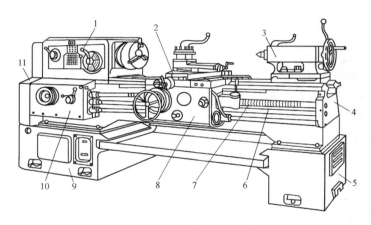

图 1-4　CA6140 型车床构造

1—主轴箱　2—刀架　3—尾座　4—床身　5、9—床脚　6—光杠
7—丝杠　8—溜板箱　10—进给箱　11—交换齿轮箱

1. 主轴部分（图1-5）

图 1-5　CA6140 型车床主轴部分

（1）主轴箱　主轴箱内有多组齿轮变速机构，变换箱外的手柄位置，可以使主轴得到各种不同的转速。

（2）卡盘　用来夹持工件，并带动工件一起旋转。

2. 交换齿轮箱部分（图1-6）

交换齿轮箱部分的作用是把主轴的旋转运动传给进给箱。通过改变交换齿轮箱内齿轮的齿数，配合进给箱的变速运动，可以车削各种不同螺距的螺纹及满足大小不同的纵、横向进给量。

3. 进给部分（图1-7）

（1）进给箱　利用内部的齿轮传动机构，可以把主轴运动经变速后传递给光杠或丝杠，使之得到各种不同的转速。

（2）丝杠　用来车削螺纹。

（3）光杠　用来传递动力，带动床鞍、中滑板，使车刀做纵向或横向的进给运动。

图1-6　CA6140型车床交换齿轮箱部分

图1-7　CA6140型车床进给部分

4. 溜板部分（图1-8）

（1）溜板箱　溜板箱是将光杠或丝杠的运动传递给床鞍及中滑板，变换箱外的手柄位置，通过快移装置驱动刀架使车刀做纵向或横向进给运动。

（2）滑板　滑板分床鞍、中滑板、小滑板三种。床鞍用于支承滑板并做纵向移动，中滑板做横向移动，小滑板通常用做对刀、微量纵向进给、车圆锥等。

（3）刀架　刀架主要用来装夹车刀。

5. 尾座（图1-9）

尾座安装在床身导轨上，并沿导轨纵向移动，以调整其工作位置。尾座的用途广泛，装上顶尖可支顶工件；装上钻头可钻孔；装上板牙、丝锥可套螺纹和攻螺纹；装上铰刀可铰孔等。

6. 床身

床身是车床上精度要求较高的一个大型部件，它的主要作用是支持和安装车床的各个部件。床身上面有两条精确的导轨，床鞍和尾座可沿着导轨做进给运动。

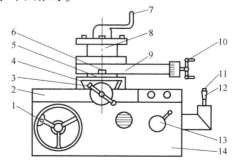

图1-8　CA6140型车床溜板部分

1—大手轮　2—床鞍　3—中滑板手柄　4—中滑板
5—分度盘　6—锁紧螺母　7—刀架手柄　8—刀架
9—小滑板　10—小滑板手柄　11—快进按钮
12—自动进给手柄　13—开合螺母手柄
14—溜板箱

7. 附件

（1）中心架和跟刀架（图1-10） 车削较长工件时，中心架和跟刀架起支撑作用。

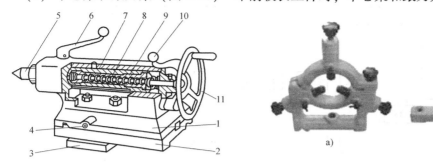

图1-9 CA6140型车床尾座

1—尾座体 2—底座 3—压块 4—螺钉 5—顶尖
6—套筒锁紧手柄 7—套筒 8—丝杠 9—螺母
10—尾座固定手柄 11—手轮

图1-10 车床用中心架、跟刀架

a）中心架 b）跟刀架

（2）冷却部分及照明部分 冷却部分的作用主要是给切削区浇注充分的切削液，降低切削温度，提高刀具寿命。

三、CA6140型车床传动系统

1. 车床传动结构图（图1-11）

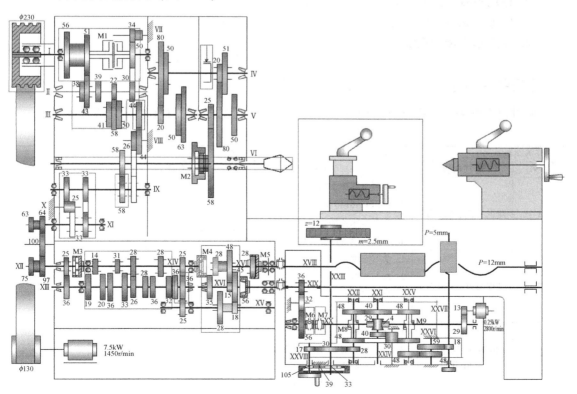

图1-11 CA6140型车床传动结构图

2. 车床传动系统简图（图 1-12）

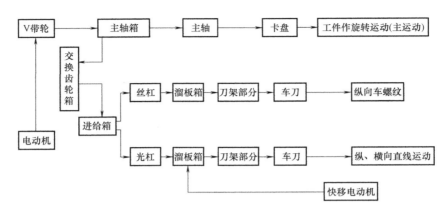

图 1-12　CA6140 型车床传动系统简图

【任务实施】

练一练

根据图 1-3 所示 CA6140 型车床，联系生产实际练一练：

1. 整体认识车床结构，熟悉车床型号。
2. 现场查看车床各部分结构，掌握车床各部分名称。
3. 熟悉车床各部件的功用。
4. 熟悉车床传动系统。

【任务评价】

通过以上学习，根据任务实施过程，将完成任务情况记入表 1-1 中，完成任务评价。

表 1-1　认识 CA6140 型车床任务评价表

任务名称		编号		姓名		日期	
序号	考核内容	考核要求			自评	互评	教师评语
1	知识与技能(60 分)	1. 了解车削加工的意义					
		2. 认识 CA6140 型车床					
		3. 掌握车床各部分名称					
		4. 理解车床各部分作用及车床传动系统					
2	过程与方法(20 分)	1. 学习态度					
		2. 参与程度					
		3. 过程操作					
		4. 思维创新					
3	情感态度价值观(20 分)	1. 学习兴趣					
		2. 乐观、积极向上的工作态度					
		3. 责任与担当					
		4. 人与自然的可持续发展思想					
		合计					

【知识拓展】

古代的车床是靠手拉或脚踏，通过绳索使工件旋转，并手持刀具而进行切削的，如图1-13 所示。

1797 年，英国机械发明家莫兹利创制了用丝杠传动刀架的现代车床，并于 1800 年采用交换齿轮，可改变进给速度和被加工螺纹的螺距。1817 年，另一位英国人罗伯茨采用了四级带轮和背轮机构来改变主轴转速。

为了提高机械自动化程度，1845 年，美国的菲奇发明转塔车床。1848 年，美国又出现了回轮车床。1873 年，美国的斯潘塞制成一台单轴自动车床，不久他又制成三轴自动车床。20 世纪初出现了由单独电动机驱动的带有齿轮变速箱的车床。

图 1-13　脚踏车床

第一次世界大战后，由于军火、汽车和其他机械工业的需要，各种高效自动车床和专门化车床迅速发展。为了提高小批量工件的生产率，20 世纪 40 年代末，带液压仿形装置的车床得到推广，与此同时，多刀车床也得到发展。20 世纪 50 年代中，发展了带穿孔卡、插销板和拨码盘等的程序控制车床。数控技术于 20 世纪 60 年代开始用于车床，20 世纪 70 年代后得到迅速发展。卧式车床如图1-14所示。

随着时代的发展，我国机床工业得到了迅猛发展，车床种类越来越多，呈现出专门化、自动化、智能化、柔性化等特点，数控技术的发展使得机床的发展更加高效率、高精度，数控车床及车铣加工中心如图 1-15 所示。

图 1-14　卧式车床

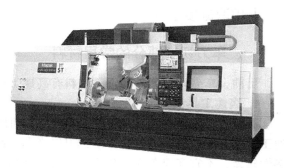

图 1-15　数控车床及车铣加工中心

【课后测评】

1. CA6140 车床型号中"40"代表的含义是：_____。

2. 卧式 CA6140 型车床主要由_____、_____、_____、_____、尾

座、床身和附件等部分组成。

3. 简述车床传动系统。

任务二　认识车刀

【学习目标】

1. 了解车工常用车刀。
2. 熟悉常用车刀的种类。
3. 能根据加工内容选用常用车刀。

【任务描述】

工欲善其事，必先利其器。在金属切削加工过程中，车刀是应用最广泛的一种单刃刀具，也是学习、分析各类刀具的基础。在车床上根据不同的车削要求，需要选用不同种类的车刀，为了在车床上进行良好的切削，正确地认识刀具是一项很重要的工作。不同的车削加工需要选择不同种类的车刀，切削不同的材料需要选择不同的车刀材料，车刀本身也应具备足够的硬度、强度而且耐磨、耐热。因此，如何选择车刀材料，如何刃磨车刀都是重要的考虑因素。车削加工示意如图 1-16 所示。

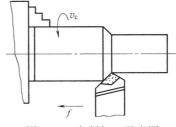

图 1-16　车削加工示意图

想一想

（1）车刀的种类有哪些？

（2）如何选用常见车刀？

【知识链接】

一、车刀切削部分的常用材料

目前，车刀切削部分的常用材料有高速工具钢和硬质合金两大类。

1. 高速工具钢

高速工具钢是一种具有较好力学性能和可磨削性能的工具钢，又称锋钢，俗称白钢。高速工具钢有制造简单、刃磨方便、刃口锋利、韧性好和耐冲击等优点，但高速工具钢车刀耐热性较差，不宜高速车削。常用牌号有 W18Cr4V、W6Mo5Cr4V2。它主要适用于制造小型刀具、螺纹车刀及形状复杂的成形刀具（图 1-17）。

2. 硬质合金

硬质合金是用钨和钛的碳化物粉末加钴作为黏结剂，经过高压压制成形后再经高温烧结而成的粉末冶金制品，其硬度、耐磨性和耐热性均高于高速工具钢。硬质合金的缺点是韧性较差，承受不了大的冲击力。硬质合金是目前应用最广泛的一种车刀材料，硬质合金车刀如

图 1-18 所示。表 1-2 为常见硬质合金的牌号、性能和使用范围。

图 1-17　高速工具钢车刀

图 1-18　硬质合金车刀

表 1-2　常见硬质合金的牌号、性能和使用范围

类型	牌号	物理机械性能			使用性能			使用范围	
		硬度		抗弯强度/GPa	耐磨	耐冲击	耐热	材料	加工性质
		HRA	HRC						
钨钴类	YG3	91	78	1.08				铸铁,非铁金属	连续切削精加工、半精加工
	YG6X	91	78	1.37				铸铁,耐热合金	精加工、半精加工
	YG6	89.5	75	1.42				铸铁,非铁金属	连续切削粗加工,间断切削半精加工
	YG8	89	74	1.47				铸铁,非铁金属	间断切削粗加工
钨钴钛类	YT5	89.5	75	1.37				钢	粗加工
	YT14	90.5	77	1.25				钢	间断切削半精加工
	YT15	91	78	1.13				钢	连续切削粗加工,间断切削半精加工
	YT30	92.5	81	0.88				钢	连续切削精加工

二、常用车刀的种类和用途

常用车刀的种类和用途见表 1-3。

表 1-3　常用车刀的种类和用途

车刀种类	车刀外形图	车刀用途	车削加工示意图
90°车刀(偏刀)		车削工件的外圆、端面、台阶	

（续）

车刀种类	车刀外形图	车刀用途	车削加工示意图
75°车刀		车削工件的外圆、端面	
45°车刀（弯头车刀）		车削工件的外圆、端面、倒角	
切断、车槽刀		切断工件或在工件上车槽	
内孔车刀（镗刀）		车削工件的内孔	
螺纹车刀		车削螺纹	

【任务实施】

练一练

根据任务，联系生产实际练一练：

1. 实际察看车刀；了解车刀种类及材料。
2. 现场了解各种车刀的用途。
3. 能根据所学知识，选用合适的车刀。

【任务评价】

通过以上学习，根据任务实施过程，将完成任务情况记入表 1-4 中，完成任务评价。

表 1-4　认识车刀任务评价表

任务名称		编号		姓名		日期	
序号	考核内容	考核要求		自评	互评	教师评语	
1	知识与技能(60 分)	1. 了解车工常用车刀					
		2. 熟悉常用车刀的种类					
		3. 能根据加工内容选用常用车刀					
2	过程与方法(20 分)	1. 学习态度					
		2. 参与程度					
		3. 过程操作					
		4. 思维创新					
3	情感态度价值观(20 分)	1. 学习兴趣					
		2. 乐观、积极向上的工作态度					
		3. 责任与担当					
		4. 人与自然的可持续发展思想					
		合计					

【知识拓展】

在高速发展的 21 世纪，从世界范围观察，我们正处在先进制造技术空前快速发展的时期。由于数控技术及高精度机床的迅猛发展，以及现阶段蓬勃发展起来的新技术、新刀具、新工艺的紧密结合，使机械加工中的劳动强度大大降低，辅助时间大大缩短，产品质量和生产率大大提高，为制造业乃至全球经济的发展起到巨大的推动作用。数控机床已成为当今制造技术的主要装备，数控加工技术成为先进制造技术的主流，开创着整个现代制造业的新时代。数控加工用刀具如图 1-19 所示。

图 1-19　数控加工用刀具

在机械加工中，金属切削机床和刀具作为切削加工的基础工艺装备，刀具被称为机床的"牙齿"和"孪生兄弟"，无论是什么样的金属切削机床，都必须依靠这个"牙齿"才能发挥作用，离开这个"孪生兄弟"则一事无成。刀具的性能和质量直接影响到数百万台机床生产率的高低和加工质量的好坏，直接影响整个机械制造工业的生产技术水平和经济效益。所以说："企业的红利在刀刃上"，这是国外企业家的切身体会。

1. 刀具材料

现阶段，在金属切削加工中，高速工具钢刀具大约占全部刀具费用的 65%，所切除的切屑仅占总切屑量的 28%；而涂层或未涂层硬质合金刀具大约占全部刀具费用的 33%，所切除的切屑却占总切屑量的 68%；而超硬刀具（立方氮化硼、金刚石）所占全部刀具使用比例则很少，仅占 1%~3%，今后随着高速加工的发展趋势，硬切削、干切削的增加，这个比例将会大幅度提高。适用于高速切削的刀具材料主要有涂层刀具、金属陶瓷（TiCN 基硬质合金）刀具、陶瓷刀具、立方氮化硼（CBN）和聚晶金刚石（PCD）超硬刀具等。

2. 刀具结构

可转位刀具技术是刀具发展史上的一个重要创新，它具有不经焊接，无裂纹，能充分发挥原有刀片的切削性能，并减少机床停机磨刀、装卸刀具的辅助时间等优点。可转位车刀及其加工实例分别如图 1-20 和图 1-21 所示。国外分析资料表明，使用可转位刀具比焊接刀具提高切削效率 37.5%，并可降低单件生产成本 30%~49%。目前我国可转位刀具使用面逐年扩大，随着科技的不断发展，新技术、新工艺使可转位刀具这颗机床的"牙齿"更加锋利和坚硬，真正成为现代切削加工工业这个舞台上的主角。

图 1-20　可转位车刀

图 1-21　可转位车刀加工实例

采用先进刀具，适当地增加刀具费用的投入，是制造业提高劳动生产率和企业竞争力的有效手段。应该看到，合理的刀具投入，可以成倍地提高生产率和产品质量，不仅提升企业的竞争力，而且促进刀具行业的发展。

【课后测评】

1. 车刀的材料主要有几种？各有哪些特点？

2. 从用途上看，常用的车刀主要有哪些？

3. 查阅相关资料，了解刀具的最新发展趋势。

任务三　安全文明生产

【学习目标】

1. 了解安全文明生产的重要性。

2. 掌握安全生产操作要领。

3. 掌握文明生产操作要领。

【任务描述】

安全文明生产是一切生产的首要任务，没有规矩，不成方圆，在车削加工过程中，安全生产与文明生产是企业生产的重中之重，是保证工人和设备安全的根本保证，影响人身安全、产品质量和生产率的提高，同时影响生产设备和工、夹、量具的使用寿命和工人技术水平的正常发挥，因此，作为机械加工操作人员，安全文明生产是关键。车削生产示意如图1-22所示。

图 1-22　车削生产示意图

想一想

（1）车削加工安全生产注意事项有哪些？

（2）车削加工文明生产注意事项有哪些？

【知识链接】

车削加工安全文明生产操作规程从准备工作、过程管理、结束保养工作等方面来进行阐述（表1-5）。

表 1-5　安全文明生产操作规程

	安全文明生产简图	安全文明生产要点
准备工作		1. 穿好工作服,扣紧袖口 2. 戴好防护眼镜 3. 女生应戴工作帽,头发或辫子应塞入帽内
		1. 严禁戴手套操作车床和测量工件 2. 熟悉车床结构及功用,能独立操作车床各手柄

（续）

安全文明生产简图	安全文明生产要点
准备工作 1. 检查其各部分机构是否完好,有无防护设备 2. 检查各传动手柄是否在空档位置,变速手柄位置是否正确 	1. 检查工、量、刀具等是否齐全 2. 物品分类摆放,位置固定,稳妥,环境整齐、清洁,应尽可能靠近和集中在操作者周围,便于取用,用后及时归位
过程管理 1. 低速起动车床 3～5min,使主轴回转和纵、横向进给由低速到高速运动,使润滑油散布各处 2. 检查车床各处运动是否正常	
1. 装卸工件、刀具、变换转速、测量加工表面时,必须先停车 2. 变换进给箱操作手柄位置需在低速状态下进行	
1. 工件和车刀必须装夹牢固,以防飞出伤人 2. 装夹较重的工件时,应用木板保护床面(若工件长时间不卸下,空闲时应用千斤顶支撑) 3. 工件装夹好后,卡盘扳手必须随即从卡盘上取下并归位 4. 棒料毛坯从主轴孔尾端伸出不能太长,过长应使用料架或挡板,防止甩弯后伤人 	1. 操作车床时,严禁离开岗位,禁止做与操作内容无关的其他事情 2. 集中精力,注意手、身体和衣服不要靠近回转中的机件(如工件、带轮、带、齿轮、丝杠等)
1. 车床运转时,不准测量工件,也不能用手去摸工件表面,严禁使用棉纱擦抹回转中的工件 2. 头不要离工件太近,以防切屑飞入眼中 3. 应使用专用铁钩清除切屑,不允许用手直接清除	
1. 不允许在卡盘及床身导轨上敲击或校直工件,床面上禁止放置工具或工件 2. 成品、半成品、毛坯等应分开放置,按次序整齐排列,以免混淆或掉落伤人	
1. 使用切削液时,车床导轨面上应涂润滑油。冷却泵中的切削液应定期更换 2. 车削铸铁等较硬工件时,应先擦去车床导轨面上的润滑油,以免磨坏床身导轨面	
1. 图样、工艺卡片应便于阅读,并注意保持其清洁和完整 2. 工具使用应合理,不得随意替用 3. 爱护量具,应经常保持清洁,用后应擦净、涂油,放入盒内	
1. 车刀磨损后,应及时刃磨,不允许用钝刃车刀继续切削,以免增加车床负荷,甚至损坏车床 2. 正确操作砂轮机,遵守磨刀安全操作规范 3. 工作地周围应保持清洁整齐 4. 操作中若出现异常现象,应及时停车检查;出现故障、事故应立即切断电源,并及时上报有关部门,由专业人员来修理	
结束保养工作 1. 清除车床上及周围的切屑和切削液,工作区域卫生保洁 2. 擦净车床,按规定在加油部位加上润滑油,做好日常保养 3. 将床鞍摇至车尾一端,将各操作手柄放到空档位置 4. 整理工、量、刀具,按规定加油润滑并保存 5. 关闭电源,关锁门窗	

【任务实施】

练一练

根据任务,联系生产实际练一练:
1. 实际感受车间安全文明生产。
2. 能根据所学安全文明生产知识,做好实习准备工作。
3. 能根据所学安全文明生产知识,在实习过程中做好安全文明生产。
4. 能根据所学安全文明生产知识,做好实习结束工作。

【任务评价】

通过以上学习,根据任务实施过程,将完成任务情况记入表1-6中,完成任务评价。

表1-6　安全文明生产任务评价表

任务名称			编号		姓名		日期	
序号	考核内容		考核要求		自评	互评	教师评语	
1	知识与技能(60分)		1. 安全文明生产准备工作					
			2. 安全文明生产过程管理工作					
			3. 安全文明生产结束工作					
2	过程与方法(20分)		1. 学习态度					
			2. 参与程度					
			3. 过程操作					
			4. 思维创新					
3	情感态度价值观(20分)		1. 学习兴趣					
			2. 乐观、积极向上的工作态度					
			3. 责任与担当					
			4. 人与自然的可持续发展思想					
合计								

【知识拓展】

"安全第一,预防为主",这是机械制造业发展的根本保障。很多的企业张贴了"高高兴兴上班、平平安安回家"的安全标语,将安全文明生产设为企业高效生产的首要条件(图1-23)。

不同的工种都有不同的工作服装。在生产工作场所,不能像在平时休息那样,穿自己喜欢穿的服装。工作服装不仅是一名企业员工的精神面貌,更重要的是它还有保护生命安全的作用。忽视它的作用,从某种意义上来讲,也就是忽视了自己的生命。有的操作人员习惯了戴手套作业,即使在操作车床等旋转机械时,也不会想到这样不对,但是操作车床等旋转机械最忌戴手套。因为戴手套而引发的伤害事故是非常多的,下面就是一例。

2002年4月23日,陕西的一家机械制造企业,车床操作工小吴正在车床上戴手套进行作业。在车床没有停止转动的情况下,用手去碰工件,手套被车床卡盘钩住,强大的力量拽着小吴的手臂往卡盘上缠绕。小吴一边喊叫,一边拼命挣扎,等其他工友听到喊声关掉车

图 1-23　安全文明生产

床，小吴的手套、工作服已被撕烂，右手小拇指也被铰断。

　　从上面血的教训中应该懂得，劳保用品不能随便使用，所以在操作车床等旋转机械时一定要做到工作服的"三紧"，即：袖口紧、下摆紧、裤脚紧；不要戴手套、围巾；女工的发辫更要盘在工作帽内，不能露出帽外。

　　当然，发生安全事故的原因是多方面的，但操作人员的安全意识薄弱却是事故发生的根本原因。要想降低机械事故的发生率，提高大家的安全意识是非常重要的，在实际生产实习过程中，希望大家真正把安全放在一切工作的首位，认真遵守操作规程，时刻将安全生产牢记在心，真正做到安全文明生产。

【课后测评】

一、判断题

1. 操作车床时，可暂时离开岗位，只要及时回来就可以。　　　　　　　　　（　　）

2. 在车削时，车刀出现溅火星属正常现象，可以继续车削。　　　　　　　（　　）

3. 凡装卸工件、更换刀具、测量加工表面以及变换速度时，必须先停车。　（　　）

4. 为了使用方便，主轴箱盖上可以放置任何物品。　　　　　　　　　　　（　　）

5. 装夹较大较重工件时，必须在机床导轨面上垫上木板，防止工件突然坠下砸伤导轨。
　　　　　　　　　　　　　　　　　　　　　　　　　　　　　　　　　　（　　）

6. 车床工作中主轴要变速时，必须先停车。　　　　　　　　　　　　　　（　　）

7. 工具箱内应分类摆放。精度高的工具放置稳妥，重物放下层，轻物放上层。（　　）

8. 开机前，在手柄位置正确的情况下，需低速运转 2min 后，才能进行车削。　（　　）

9. 车工在工作时应戴好防护眼镜、穿好工作服，女同志要戴工作帽，并将长发塞入帽子里。　　　　　　　　　　　　　　　　　　　　　　　　　　　　　　　　（　　）

10. 为使转动的卡盘及早停住，可用手慢慢刹住转动的卡盘。　　　　　　（　　）

11. 工作场地应保持清洁整齐，不得堆放杂物。　　　　　　　　　　　　（　　）

12. 车工可以戴手套进行操作。　　　　　　　　　　　　　　　　　　　（　　）

13. 刀具、量具可以放在车床的导轨面上。　　　　　　　　　　　　　　（　　）

14. 操作中若出现异常现象，应及时停车检查；出现故障、事故应立即切断电源，操作者进行维修。　　　　　　　　　　　　　　　　　　　　　　　　　　　　（　　）

15. 工作完成后，将所用过的物品擦净归位，清理机床、刷去切屑、擦净机床各部位的油污；按规定加注润滑油，最后把机床周围打扫干净；将床鞍摇至床尾一端，各转动手柄放到空档位置，关闭电源。　　　　　　　　　　　　　　　　　　　　　　　　（　　）

二、简述在工厂实习时应如何遵守安全文明生产操作规程？

任务四　　操作 CA6140 型车床

【学习目标】

1. 掌握车床起动、关闭等操作规程。
2. 能根据生产实际需要，进行主轴变速、进给箱变速、尾座和溜板箱各手柄操作。
3. 安全文明生产。

【任务描述】

在前面已经介绍了车床的结构及安全文明生产的基础上，开始进行车床的操作，了解车床的开启、关闭、变速、进给等操作过程，为下面学习车削加工打下坚实的实践基础。

想一想

（1）如何操作车床手柄，实现车床主轴的转动？
（2）如何操作车床手柄，实现车刀的直线移动？

【知识链接】

CA6140 型车床操作规程见表 1-7。

表 1-7　CA6140 型车床操作规程

操作	简　图	步　骤
起动、关闭车床		1. 起动车床前，检查车床各变速手柄是否处于空档位置，操纵杆是否处于停止位置，确认无误后，方可合上车床电源总开关 2. 确认旋出车床床鞍上的红色停止按钮，按下车床床鞍上的绿色起动按钮，车床电动机起动 3. 将溜板箱右侧的操纵杆手柄向上提起，主轴正转。操纵杆手柄有向上、中间、向下三个档位，分别实现主轴的正转、停止、反转 4. 车床停止时，将操作杆放至中间停止位置，按下床鞍上的红色停止按钮；如下班关闭车床，则将车床各变速手柄放至空档位置，溜板箱移至靠尾座一端，关闭车床电源总开关，车床断电

（续）

操作	简 图	步 骤
主轴箱 主轴变速		1. CA6140 型车床主轴变速是通过改变主轴箱正面右侧的两个叠套手柄的位置来控制的,前面的手柄控制 6 个档位,每个档位有 4 级转速,如选择其中某一转速是通过后面的手柄来控制,后面的手柄除有两个空档外,共有四个档位,用颜色来区分,只要将手柄位置拨到其所显示的颜色与前面手柄所处档位上的转速数字所表示的颜色相同的档位即可。主轴共有 24 级转速。如左图所示 2. 车床主轴箱正面左侧的手柄主要用于螺纹的左、右旋向和加大螺距的调整。共有 4 个档位,即左上档为车削左旋螺纹,右上档为车削右旋螺纹,左下档为车削左旋加大螺距螺纹,右下档为车削右旋加大螺距螺纹,其档位如左图所示
进给箱 变速		CA6140 型车床进给箱正面左侧有一个手轮,手轮共有 8 个档位,右侧有前、后叠装的两个手柄,前面的手柄有 A、B、C、D 四个档位,是丝杠、光杠变换手柄,后面的手柄有 I、II、III、IV、IV共 5 个档位,与手轮配合使用,用以调整螺距和进给量。实际操作应根据加工要求调整所需螺距或进给量,可通过查找进给箱油池盖上的调配表来确定手轮和手柄的具体位置
溜板箱手动操作		1. 床鞍及溜板箱的纵向移动由溜板箱正面左侧的大手轮控制。当顺时针方向转动手轮时,床鞍右移,反之左移 2. 中滑板手柄控制中滑板的横向移动和横向进给量。当顺时针方向转动手柄时,中滑板向远离操作者的方向移动,反之向靠近操作者的方向移动 3. 小滑板在小滑板手柄控制下可做短距离的纵向移动。手柄做顺时针方向转动,则小滑板向左移动,反之向右移动。小滑板的分度盘在刀架需斜向进刀车削圆锥体时,可顺时针方向或逆时针方向地在 90° 范围内偏转所需角度,使用时,先松开前后锁紧螺母,转动小滑板至所需角度位置后,再拧紧螺母将小滑板固定 4. 溜板箱正面的大手轮轴上的刻度盘圆周等分 300 格,每转过 1 格,表示床鞍及溜板箱纵向移动 1mm。中滑板丝杠上的刻度盘圆周等分 100 格,手柄每转过 1 格,中滑板横向移动 0.05mm。小滑板丝杠上的刻度盘圆周等分 100 格,手柄每转过 1 格,小滑板纵向(或斜向)移动 0.05mm

（续）

操作	简　图	步　骤
溜板箱机动操作		1. CA6140 型车床的溜板箱右侧有一个带十字槽的扳动手柄,是刀架实现纵、横向机动进给和快速移动的集中操作机构。手柄可沿十字槽纵、横向扳动,在十字槽中间位置时,停止机动进给,当手柄纵向或横向扳动,床鞍或中滑板按手柄扳动方向做纵向或横向移动,同时按下快进按钮,快速电动机工作,床鞍或中滑板按手柄扳动方向做纵向或横向快速移动,松开按钮,快速电动机停止转动,快速移动中止 2. 溜板箱正面右侧有一开合螺母操作手柄,专门控制丝杠与溜板箱之间的运动关系。一般情况下,车削非螺纹表面时,丝杠与溜板箱之间无运动联系,开合螺母处于开启状态,手柄位于上方;当需要车削螺纹时,顺时针方向扳下开合螺母手柄,使开合螺母闭合并与丝杠啮合,将丝杠的运动传递给溜板箱,使溜板箱按预定的螺距(或导程)做纵向进给。车完螺纹后,应立即将开合螺母手柄扳回原位
尾座操作		1. 顺时针方向松开尾座固定手柄,通过手动,尾座可在床身导轨上纵向移动,当移至合适位置时,逆时针方向扳动固定手柄,将尾座固定 2. 逆时针方向转动套筒固定手柄,均匀摇动尾座手轮,套筒做进、退移动,当移至合适位置时,顺时针方向转动套筒固定手柄,将套筒固定 3. 在安装后顶尖时,擦净尾座套筒内孔和顶尖锥柄,松开套筒固定手柄,摇动手轮使套筒安装后顶尖,也可直接后退套筒并退出后顶尖

【任务实施】

练一练

根据任务,联系生产实际练一练:
1. 能根据所学知识,正确起动及关闭车床。
2. 能根据所学知识,正确变换主轴箱外手柄,实现主轴变速。
3. 能根据所学知识,正确变换进给箱外手柄,实现进给变速。
4. 能根据所学知识,正确操作溜板箱外各手柄,实现手动及机动进给运动。
5. 能根据所学知识,正确操作尾座。
6. 安全文明操作。

【友情提醒】

1) 遵守安全文明生产各项操作规程。
2) 主轴变速必须停车进行,进给变速可在低速下变速。
3) 主轴转速不超过 360r/min,尽量采用低速。

4）溜板箱机动进给时，进给量调整一般在 0.12～0.17mm/r 范围内为宜。

5）注意刀架部分的纵向行程极限，防止碰撞自定心卡盘和尾座。

6）横向移动刀架时，向前尽量不超过主轴轴线，向后横溜板不超过导轨面。

7）工作完毕，溜板箱必须停在靠近尾座一端处。

【任务评价】

通过以上学习，根据任务实施过程，将完成任务情况记入表 1-8 中，完成任务评价。

表 1-8 操作 CA6140 型车床任务评价表

任务名称		编号		姓名		日期	
序号	考核内容	考核要求			自评	互评	教师评语
1	知识与技能(60 分)	1. 起动、关闭车床					
		2. 主轴箱主轴变速					
		3. 进给箱变速					
		4. 溜板箱手动及机动操作					
		5. 尾座操作					
		6. 安全文明生产					
2	过程与方法 (20 分)	1. 学习态度					
		2. 参与程度					
		3. 过程操作					
		4. 思维创新					
3	情感态度价值观 (20 分)	1. 学习兴趣					
		2. 乐观、积极向上的工作态度					
		3. 责任与担当					
		4. 人与自然的可持续发展思想					
合计							

【知识拓展】

职 业 道 德

职业道德，就是与人们的职业活动紧密联系的符合职业特点所要求的道德准则、道德情操与道德品质的总和，它既是对本职人员在职业活动中的行为标准和要求，同时又是职业对社会所负的道德责任与义务。

职业道德是人们在职业生活中应遵循的基本道德，即一般社会道德在职业生活中的具体体现。它是职业品德、职业纪律、专业胜任能力及职业责任等的总称，属于自律范围，它通过公约、守则等对职业生活中的某些方面加以规范（图 1-24）。

职业道德既是本行业人员在职业活动中的行为规范，又是行业对社会所负的道德责任和义务。良好的职业修养是每一个优秀员工必备的素质，良好的职业道德是每一个员工都必须具备的基本品质。

1. 职业道德基本要求

概括而言，职业道德主要应包括以下几方面的内容：忠于职守，乐于奉献；实事求是，不弄虚作假；依法行事，严守秘密；公正透明，服务社会。

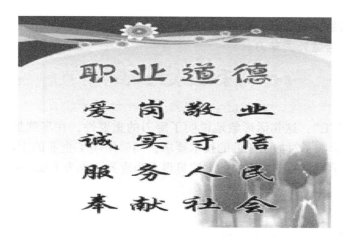

图 1-24　职业道德要求

2. 职业道德服务标准

（1）对待工作

① 我的工作，我的至爱（热爱本职工作）。

② 无以规矩，不成方圆（遵守规章制度）。

③ 自洁自律，廉洁奉公（注重个人修养）。

（2）对待集体

① 集体利益高于一切（集体主义是职业道德的基本原则，员工必须以集体主义为根本原则，正确处理个人利益、他人利益、班组利益、部门利益和公司利益的相互关系）。

② 组织纪律观，时刻在心间。

③ 团结协作，友爱互助。

④ 爱护公共财产，做一名主人翁。

（3）对待客人

① 全心全意为客人服务。

② 没有错的客人，只有不对的服务。

③ 客户都是上帝。

④ 客人的投诉是对我们工作最大的支持。

【课后测评】

1. 简述车床的起动、关闭步骤和操作注意点。

2. 简述车床主轴的变速步骤和安全文明操作规程。

3. 简述车床溜板箱手动及机动进给方法及安全文明操作规程。

任务五　刃磨车刀

【学习目标】

1. 了解车刀切削部分的几何要素和几何角度。

2. 掌握车刀刃磨方法。

3. 能刃磨硬质合金外圆车刀。

4. 安全文明生产。

【任务描述】

"磨刀不误砍柴工"，这句话形象地说明了磨刀的重要性，在车削加工过程中，车刀刃磨质量的高低直接影响了对加工工件的技术要求，同时影响了企业的生产效率和经济利益。对于初学者来说，学习常用车刀刃磨的方法显得尤为重要，也为下面的技能学习打下坚实的实践基础。

想一想

（1）刃磨刀具选用什么样的砂轮？

（2）刃磨车刀的方法和步骤有哪些？

（3）刃磨车刀过程中的安全注意事项有哪些？

【知识链接】

刃磨车刀操作规程见表1-9。

表 1-9　刃磨车刀操作规程

车刀切削部分的几何要素	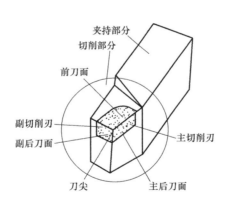
	1. 前刀面是刀具上切屑流经的表面 2. 后刀面分主后刀面和副后刀面。与过渡表面相对的刀面称为主后刀面；与已加工表面相对的刀面称为副后刀面 3. 主切削刃是前刀面和主后刀面的相交部位，担负主要切削任务 4. 副切削刃是前刀面和副后刀面的相交部位，配合主切削刃完成少量的切削工作 5. 刀尖是主切削刃和副切削刃的连接部位。为了提高刀尖强度，多将刀尖磨成圆弧形或直线形过渡刃 　　组成车刀刀头上述组成部分的几何要素并不相同。例如，90°车刀由三个刀面、两条切削刃和一个刀尖组成，而45°车刀却有四个刀面（其中两个副后刀面）、三条切削刃（其中两个副切削刃）和两个刀尖。此外，切削刃可以是直线，也可以是曲线，如车圆弧成形面的成形刀就是曲线切削刃

（续）

车刀切削部分的几何角度及选择	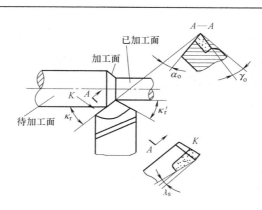

1. 前角（γ_o）：加工塑性材料等较软工件时，前角选大些（10°～20°），反之前角选小些；粗加工时，前角选小些，以提高刀具耐用度，精加工反之；车刀材料的强度、韧性较差时，选用小前角，反之选用大前角
2. 后角（α_o）：粗加工时，选用小后角，精加工反之；工件材料软时，选用大后角，反之选用小后角；副后角与主后角选择方法基本相同
3. 主偏角（κ_r）：加工台阶轴时，其等于或大于90°；中间切入时其为45°～60°
4. 副偏角（κ_r'）：一般采用6°～8°，中间切入时取45°～60°
5. 刃倾角（λ_s）：一般车削时为0，粗车时为负，精车时为正 |
| 选择砂轮 |

刃磨车刀的砂轮大多采用平形砂轮，按其磨料不同，目前常用的砂轮有氧化铝砂轮和碳化硅砂轮两类
1. 氧化铝砂轮：又称刚玉砂轮，多呈白色，其磨粒韧性好，比较锋利，硬度较低（指磨粒在磨削抗力作用下容易从砂轮上脱落），自锐性好，适用于高速工具钢和碳素工具钢刀具的刃磨和硬质合金车刀刀柄部分的刃磨
2. 碳化硅砂轮：多呈绿色，其磨粒的硬度高、刃口锋利，但脆性大，适用于硬质合金车刀的刃磨
砂轮的粗细以粒度表示，一般可分为F36、F60、F80和F120等级别。粒度越大则表示砂轮的磨料越细，反之越粗。粗磨车刀应选粗砂轮，精磨车刀应选细砂轮；刃磨软材料选用硬砂轮，刃磨硬材料选用软砂轮 |
| 刃磨姿势 |

1. 人站立在砂轮侧面，以防砂轮碎裂时，碎片飞出伤人
2. 两手握刀的距离放开，两肘夹紧腰部，这样可以减小磨刀时的抖动
3. 磨刀时，车刀应放在砂轮的水平中心，刀尖略微上翘3°～8°。车刀接触砂轮后应做左右方向水平线移动 |

（续）

粗磨硬质合金外圆车刀	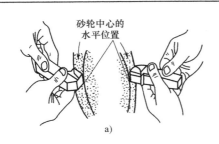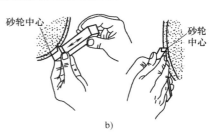 1. 首先在氧化铝砂轮上将刀面上的焊渣磨掉,并将车刀底平面磨平 2. 在氧化铝砂轮上粗磨出刀杆上的主后面和副后面,其后角要比刀头上后角大 2°~3° 3. 在碳化硅砂轮上粗磨出刀头上的主后面和副后面,磨出主、副偏角和后角、副后角(图 a) 4. 在碳化硅砂轮上粗磨出刀头上的前刀面,磨出前角和刃倾角 5. 磨断屑槽(图 b)
精磨硬质合金外圆车刀	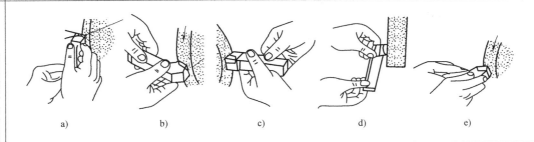 1. 精磨刀头上前刀面,使其达到要求(图 a) 2. 精磨刀头上主后刀面和副后刀面,使其达到要求(图 b、c) 3. 磨负倒棱(图 d) 4. 磨过渡刃(图 e)

【任务实施】

练一练

根据任务,联系生产实际练一练。

1. 能根据所学知识,实际分析车刀切削部分的几何要素和几何角度。
2. 能根据所学知识,正确选用砂轮。
3. 能根据所学知识,正确刃磨硬质合金外圆车刀。
4. 安全文明刃磨车刀。

【友情提醒】

1） 刃磨时必须戴防护眼镜,操作者应按要求站立在砂轮机侧面。

2） 在磨刀前,要对砂轮机的防护设施进行检查,如防护罩壳是否齐全;有托架的砂轮,其托架与砂轮之间的间隙是否恰当等。

3） 车刀刃磨时,不能用力过大,以防打滑伤手。

4） 车刀高低必须控制在砂轮水平中心,刀头略向上翘,否则会出现后角过大或负后角等弊端。

5）车刀刃磨时应做水平方向的左右移动，以免砂轮表面出现凹坑。

6）在平形砂轮上磨刀时，尽可能避免在砂轮侧面刃磨。

7）砂轮磨削表面需经常修整，使砂轮没有明显的跳动。对平形砂轮一般可用砂轮刀在砂轮上来回修整。

8）刃磨硬质合金车刀时，不可把刀头部分放入水中冷却，以防刀片突然冷却而碎裂；刃磨高速工具钢车刀时，应随时用水冷却，以防车刀过热退火，降低硬度。

9）重新安装砂轮后，要进行检查，在试转合格后才能使用。

10）刃磨结束后，应随手关闭砂轮机电源。

【任务评价】

通过以上学习，根据任务实施过程，将完成任务情况记入表1-10中，完成任务评价。

表1-10 刃磨车刀任务评价表

任务名称		编号		姓名		日期		
序号	考核内容	考核要求			自评	互评	教师评语	
1	知识与技能（60分）	1. 车刀切削部分的几何要素						
		2. 车刀切削部分的几何角度						
		3. 砂轮的选用						
		4. 刃磨硬质合金外圆车刀						
		5. 安全文明刃磨车刀						
2	过程与方法（20分）	1. 学习态度						
		2. 参与程度						
		3. 过程操作						
		4. 思维创新						
3	情感态度价值观（20分）	1. 学习兴趣						
		2. 乐观、积极向上的工作态度						
		3. 责任与担当						
		4. 人与自然的可持续发展思想						
合计								

【课后测评】

1. 车刀切削部分的几何要素有哪些？

2. 简述车刀切削部分的几何角度。

3. 简述刃磨硬质合金外圆车刀的方法和步骤。

4. 刃磨车刀时有哪些安全注意事项？

任务六 车床保养及"6S"管理

【学习目标】

1. 掌握车床的日常保养内容。

2. 熟悉车床的一二级保养内容。

3. 了解"6S"管理的内容和意义。

【任务描述】

为了保证车床正常运转，减少磨损，延长其使用寿命，必须对车床进行保养，车床保养分日常保养、一级保养、二级保养等内容。在车床使用过程中，对车床的所有摩擦部分进行充分润滑及保养，是一名车工具备的基本操作技能，也只有保养好车床等设备，才能让它们发挥巨大的作用。

想一想

（1）车床日常保养的主要内容有哪些?

（2）车床一级保养的主要内容有哪些?

（3）车床二级保养的主要内容有哪些?

（4）"6S"管理的内容和规范是什么

【知识链接】

一、车床保养

1. 车床的润滑保养部位及要求（表1-11）

表1-11　车床的润滑保养部位及要求

保养部位	车床的润滑保养要求
润滑部位	
主轴箱	主轴箱的储油量,通常以油面达到油窗高度为宜。箱内齿轮用溅油法进行润滑,主轴后轴承用油绳导油润滑,车床主轴前轴承等重要润滑部位用往复式油泵供油润滑。主轴箱上有一个油窗,如发现油孔内无油输出,说明油泵输油系统有故障,应立即停车检查断油原因,等修复后才可开动车床。主轴箱内润滑油一般三个月更换一次
交换齿轮箱	交换齿轮箱内的正反机构主要靠齿轮溅油润滑 交换齿轮箱中间齿轮轴承和溜板箱内换向齿轮的润滑每周加润滑脂一次,每天向轴承中旋进一部分润滑脂
进给箱	进给箱内的轴承和齿轮,除了用齿轮溅油法进行润滑外,还靠进给箱上部的储油池通过油绳导油润滑。因此除了注意进给箱油窗内油面的高度外,每班还要给进给箱上部的储油池加油一次。换油期也是三个月一次
溜板箱	溜板箱内脱落蜗杆机构用箱体内的油来润滑,油从盖板中注入,其储油量通常加到孔的下面边缘为止。溜板箱内其他机构,用它上部储油池里的油绳导油润滑。换油期也是三个月一次

2. 车床的日常保养（表1-12）

表1-12　车床的日常保养操作规程

	车床的日常保养要求
准备工作	擦净车床导轨面、滑动面、丝杠等外露部分的尘土，用油枪浇油润滑；查看油质、油量是否符合要求；床鞍、中滑板、小滑板部分、尾座和光杠、丝杠轴承等部件靠弹子油杯润滑，每班加油一次；检查车床各手柄位置，空车慢速试运转
结束工作	清除铁屑，擦净车床各部分，无油污，润滑部位加油润滑，各部件归位，工作区域卫生保洁，关闭电源，关锁门窗

3. 车床的一级保养（表1-13）

车床运行500h需进行一级保养，一级保养以操作工人为主，维修工人配合进行，切断电源。

表1-13　车床的一级保养操作规程

保养部位	车床的一级保养要求
车床外表保养	清洗车床各外表面及各罩盖，保持内外清洁，无锈蚀、无油污；清洗丝杠、光杠和操纵杆；检查并补齐各螺钉、手柄、手柄球等
主轴箱部分	清洗过滤器，无杂物，检查主轴并检查螺母有无松动，紧固螺钉是否拧紧。调整制动器及摩擦片间隙
交换齿轮箱	清洗齿轮、轴套、扇形板并注入新油脂；调整齿轮啮合间隙，检查轴套有无松动、拉毛现象
溜板箱及刀架	清洗刀架、中、小滑板丝杠、螺母、镶条，调整镶条间隙和丝杠螺母间隙
尾座	清洗尾座套筒、丝杠螺母并加油
冷却润滑系统	清洗冷却泵、过滤器、盛液盘，畅通油路，油孔、油绳、油毡清洁无铁屑；检查油质并保持良好，油杯应齐全，油标应清晰
电气部分	清洁电动机、电器箱。检查电气装置是否固定整齐，要求性能良好，安全可靠，检查、紧固接零装置

4. 车床的二级保养（表1-14）

车床运行5000h需进行二级保养，二级保养以维修工人为主，操作工人参加，切断电源，除执行一级保养内容的要求外，还要测绘易损件，提出备品配件清单。

表1-14　车床的二级保养操作规程

保养部位	车床的二级保养要求
主轴箱	清洗主轴箱，检查箱内传动系统，修复或更换磨损零件，调整主轴轴向间隙，清除主轴锥孔毛刺，以符合精度要求
进给箱	检查、修复或更换磨损零件
溜板箱及刀架	清洗溜板箱、刀架，调整开合螺母间隙，检查、修复或更换磨损零件
尾座	检查、修复尾座套筒锥度，检查、修复或更换磨损零件
冷却润滑系统	清洗油池，更换润滑油
电气部分	拆洗电动机轴承，检查、修理电器箱，确保安全可靠
车床精度	水平方向找正车床，检查、调整、修复精度

二、"6S" 管理

"6S"管理是现代工厂行之有效的现场管理理念和方法，指在生产现场中将人员、机器、材料、方法、安全等生产要素进行有效管理，它针对企业中每位员工的日常行为方面提出要求，倡导从小事做起，力求使每位员工都养成事事讲究的习惯，从而达到提高整体工作质量的目的。其作用是：提高效率，保证质量，使工作环境整洁有序，预防为主，保证安全。

1. "6S" 管理的内容（图 1-25）

图 1-25 "6S" 管理的内容

2. "6S" 管理操作规程（表 1-15）

表 1-15 "6S" 管理操作规程

6S	含义	要求	目的
整理	将工作场所的任何物品进行区分，除了有用的留下来，其他的都清理或放置在其他地方，它是 6S 的第一步	将物品分为几类： 1. 不再使用的 2. 使用效率很低的 3. 使用效率较低的 4. 经常使用的 将第 1 类物品处理掉，将第 2、3 类物品放置在储存处，第 4 类物品放置在工作场所	1. 腾出空间 2. 防止误用
整顿	把留下来的必要物品定点定位放置，并放置整齐加以标识，它是提高效率的基础	1. 对可供放置的场所进行规划布置 2. 将物品在上述场所摆放整齐 3. 必要时还应标识	1. 工作场所一目了然 2. 消除找寻物品的时间 3. 整齐的工作环境
清扫	将工作区域及工作用的设备清扫干净，保持工作区域干净、整齐	1. 清扫所有物品 2. 机器工具彻底清理、润滑 3. 修理破损的物品	1. 保持良好工作情绪 2. 稳定产品质量
清洁	维持上面 3S 的成果	检查	监督
素养	每位成员养成良好的习惯，并积极遵守规则做事，培养主动积极的做事精神	1. 遵守出勤、作息时间 2. 工作应保持良好的状态（如不可以随意谈天说地、离开工作岗位、看小说、玩手机、吃零食、打瞌睡等） 3. 服装整齐，戴上岗证 4. 待人接物诚恳、有礼貌 5. 爱护公物，用完归位 6. 保持清洁	1. 培养有好习惯、遵守规则的员工 2. 营造良好的团队工作环境
安全	保障安全，防止伤害	重视安全教育，防患于未然，杜绝违章	安全规范的工作现场

【任务实施】

练一练

根据任务，联系生产实际练一练：

1. 能根据所学知识，对车床进行日常保养。
2. 能根据所学知识，对车床进行一、二级保养。
3. 熟悉车间"6S"管理规范。

【任务评价】

通过以上学习，根据任务实施过程，将完成任务情况记入表1-16中，完成任务评价。

表1-16　车床保养及"6S"管理任务评价表

任务名称		编号		姓名		日期	
序号	考核内容	考核要求		自评	互评	教师评语	
1	知识与技能(60分)	1. 车床的日常保养					
		2. 车床的一级保养					
		3. 车床的二级保养					
		4. "6S"管理规范					
2	过程与方法(20分)	1. 学习态度					
		2. 参与程度					
		3. 过程操作					
		4. 思维创新					
3	情感态度价值观(20分)	1. 学习兴趣					
		2. 乐观、积极向上的工作态度					
		3. 责任与担当					
		4. 人与自然的可持续发展思想					
合计							

【课后测评】

1. 车床日常保养的主要内容有哪些？
2. 车床一级保养的主要内容有哪些？
3. 车床二级保养的主要内容有哪些？
4. "6S"管理的内容和意义是什么？

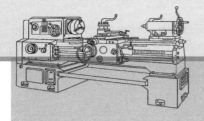

项目二

轴类零件的加工

项 目 描 述

在机器设备中，轴是非常重要的零件之一，对整个机器的运转起着重要作用。轴的主要用途是定位、承载回转体零件以及传递运动和动力。轴类零件的长度一般大于直径。轴的分类见表2-1。

表2-1　轴的分类

种　类	图　例
转轴：指在工作过程中既承受弯矩又传递转矩的轴。转轴是应用最多，也是车削加工最多的轴	
传动轴：指在工作过程中只承受转矩，不承受弯矩的轴	
心轴：指只承受弯矩但不传递转矩的轴	

（续）

种类	图例
曲轴：指相对轴线产生偏移的发动机用重要零件，其车削加工较难	

轴类零件一般由同心外圆柱面、圆锥面、内孔、螺纹及相应的端面等组成，车削加工是轴最普遍的一种加工方法。

轴的技术要求见表 2-2。

表 2-2 轴的技术要求

种类	具 体 要 求
尺寸精度	主要包括直径尺寸和长度尺寸，直径尺寸公差等级一般为 IT7 ~ IT9，精度较高，长度尺寸公差等级一般为 IT8 ~ IT10
表面结构	与传动件相配合的轴的表面粗糙度值一般为 $Ra3.2 \sim 0.63\,\mu m$，与轴承相配合的轴的表面粗糙度值一般为 $Ra0.63 \sim 0.16\,\mu m$
几何公差	轴的几何公差主要是圆度、圆柱度、同轴度、圆跳动、垂直度等要求，轴的几何公差要求一般按照轴的功用来设计，形状公差一般控制在尺寸公差范围内，位置公差一般控制在 0.02 ~ 0.05$\,\mu m$ 范围内

本项目以转轴（阶梯轴）加工为主要内容，下面介绍几种轴类零件的加工。

任务一　装夹工件

【学习目标】

1. 了解工件装夹的各种方法及特点。
2. 掌握自定心卡盘和单动卡盘装夹工件。
3. 掌握一夹一顶装夹工件及双顶尖装夹工件。

【任务描述】

工件的装夹是车削加工的第一步，在车削加工之前，必须将工件装夹在车床上，要求位置准确，装夹牢固、可靠，以保证工件在车削过程中不会发生位置的偏移。在实际应用中，根据不同的工件形状、技术要求和加工批量，可以选择不同的装夹方式（图 2-1）。

想一想

（1）工件的装夹方式有哪些？

（2）在装夹过程中有哪些安全注意事项？

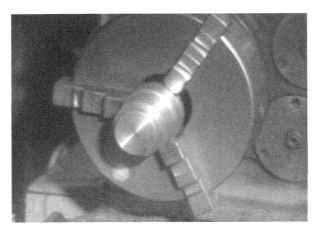

图 2-1　工件装夹实图

【知识链接】

　　轴类工件的装夹方法一般有卡盘直接装夹、卡盘与顶尖一夹一顶装夹、两顶尖加鸡心夹头装夹等方法。

一、用卡盘直接装夹

　　对于车削长度较短、直径较大的轴，可以用自定心卡盘或单动卡盘直接装夹。

1. 自定心卡盘装夹

　　自定心卡盘装夹的特点是三个卡爪同时夹紧，同时松开，具有自定心作用，不需花较多时间找正工件中心，效率较高；但夹紧力不大，定心精度不高，适合装夹形状规则的回转体等中小型工件。自定心卡盘如图 2-2a 所示。

　　　　　a)　　　　　　　　　　　　　　　　b)

图 2-2　卡盘

a）自定心卡盘　b）单动卡盘

2. 单动卡盘装夹

　　单动卡盘装夹的特点是四个卡爪不能同时夹紧，同时松开，只能单独移动，所以找正工件中心较麻烦；但夹紧力大，适合装夹形状不规则的大型工件。单动卡盘如图 2-2b 所示。

二、两顶尖装夹

　　在实际加工过程中，有些轴类工件较长，或者需要多次装夹，而且同轴度等几何公差要求较高，如细长轴、丝杠等工件，可以采用双顶尖装夹。具体方法是将前后顶尖顶住轴的两端，将鸡心夹头套在轴的一端并且固定在轴上。这种装夹方式加工精度较高，但刚性略差，适用于精度较高的较长轴类工件的精加工。

前顶尖一般采用车床主轴锥孔装夹顶尖来定位工件（图2-3a），也可采用卡盘装夹自制60°顶尖，装夹后再精加工60°锥面，确保其同轴度要求（图2-3b）。前顶尖工作时与工件一起旋转，后顶尖一般采用尾座装夹顶尖支撑并定位工件。

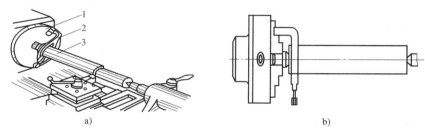

图2-3 两顶尖装夹示意图
1—拨盘 2—鸡心夹头 3—工件

顶尖（图2-4）分回转顶尖和固定顶尖两种，固定顶尖刚度好、精度高、定心准确，但它与工件中心孔摩擦大，容易产生过多热量进而损坏顶尖或中心孔，故常用于低速加工。而回转顶尖内部有轴承，可转动，所以可在高速状态下正常工作，但精度相对较低。

三、一夹一顶装夹（图2-5）

对于车削长度较长的轴，可以采用卡盘加顶尖一夹一顶的方法来装夹。即将轴的一端钻好中

图2-4 顶尖
a) 回转顶尖 b) 固定顶尖

心孔后用顶尖顶上，另一端用自定心卡盘夹上，就可以进行加工。此装夹方式刚度好，适用于较长轴类工件的粗、精加工。

图2-5 一夹一顶装夹工件

用顶尖支顶工件时，必须在工件上预钻中心孔，中心孔利用相应的中心钻钻出。在车削加工中，常见的中心孔有三种类型：

（1）A型中心孔（不带120°保护锥，图2-6a） 适用于一般精度要求的工件。

（2）B型中心孔（带120°保护锥，图2-6b） 适用于精度较高、工序较多的工件。

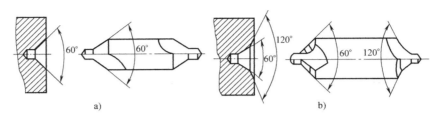

a)   b)

图2-6 A、B型中心孔及中心钻示意图

（3）C型中心孔（带螺孔，图2-7） 适用于将零件轴向固定的场合，此方法不常见。

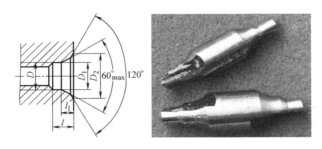

图2-7 C型中心孔及中心钻示意图

【友情提醒】

1）在装入顶尖时，应擦净主轴锥孔和尾座套筒，在使用固定顶尖时，还要在中心孔内加注润滑脂。

2）在使用一夹一顶或双顶尖装夹工件时，其后顶尖的中心线必须与车床主轴轴线重合，否则工件加工产生锥度。

【任务实施】

练一练

根据所学知识，联系生产实际练一练：

1. 自定心卡盘装夹方法：

1）检查工件毛坯是否符合要求。

2）根据加工要求找正、装夹工件，注意夹紧可靠（考虑工件伸出卡盘的长度、夹紧位置、夹紧力大小等）。

3）利用卡盘扳手和加力杆夹紧工件。

4）夹紧后及时取下卡盘扳手，放入指定位置。

5）开机确认工件装夹正确。

2. 单动卡盘装夹方法。

3. 一夹一顶装夹方法。

4. 双顶尖装夹方法。

【任务评价】

通过以上学习，根据任务实施过程，将完成任务情况记入表2-3中，完成任务评价。

表2-3　装夹工件任务评价表

任务名称		编号		姓名		日期	
序号	考核内容	考核要求		自评	互评	教师评语	
1	知识与技能(60分)	1. 工件装夹的各种方法及特点					
		2. 自定心卡盘装夹方法					
		3. 单动卡盘装夹方法					
		4. 一夹一顶装夹方法及双顶尖装夹方法					
2	过程与方法(20分)	1. 学习态度					
		2. 参与程度					
		3. 过程操作					
		4. 思维创新					
3	情感态度价值观(20分)	1. 学习兴趣					
		2. 乐观、积极向上的工作态度					
		3. 责任与担当					
		4. 人与自然的可持续发展思想					
		合计					

【知识拓展】

车 床 夹 具

车床夹具是机床上用以装夹工件和引导刀具的一种装置。其作用是将工件定位，以使工件获得相对于机床和刀具的正确位置，并把工件可靠地夹紧（图2-8）。

一、夹具的分类

1. 按专门化分类

（1）通用夹具　通用夹具指已经标准化的，在一定范围内可用于加工不同工件的夹具。例如，车床上自定心卡盘和单动卡盘，铣床上的平口钳、分度头和回转工作台等。这类夹具一般由专业工厂生产，常作为机床附件提供给用户。其特点是适应性广，生产率低，主要适用于单件、小批量的生产中。

（2）专用夹具　专用夹具指专为某一工件的某道工序而专门设计的夹具。其特点是结构紧凑，操作迅速、方便、省力，可以保证较高的加工精度和生产率，但设计制造周期较

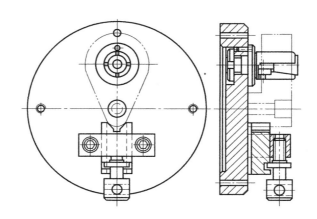

图 2-8 车床夹具

长、制造费用也较高。当产品变更时，夹具将由于无法再使用而报废。它只适用于产品固定且批量较大的生产中。

（3）通用可调夹具和成组夹具 其特点是夹具的部分元件可以更换，部分装置可以调整，以适应不同零件的加工。用于相似零件的成组加工所用的夹具，称为成组夹具。通用可调夹具与成组夹具相比，加工对象不很明确，适用范围更广一些。

（4）组合夹具 组合夹具指按零件的加工要求，由一套事先制造好的标准元件和部件组装而成的夹具。一般由专业厂家制造，其特点是灵活多变，适用性强，制造周期短、元件能反复使用，特别适用于新产品的试制和单件小批量生产。

（5）随行夹具 随行夹具是一种在自动线上使用的夹具。该夹具既要起到装夹工件的作用，又要与工件成为一体沿着自动线从一个工位移到下一个工位，进行不同工序的加工。

2. 按使用分类

由于各类机床自身工作特点和结构形式各不相同，对所用夹具的结构也相应地提出了不同的要求。按所使用的机床不同，夹具又可分为：车床夹具、铣床夹具、钻床夹具、镗床夹具、磨床夹具、齿轮机床夹具和其他机床夹具等。

3. 按夹紧分类

根据夹具所采用的夹紧动力源不同，可分为：手动夹具、气动夹具、液压夹具、气液夹具、电动夹具、磁力夹具、真空夹具等。

二、夹具的作用

1. 能稳定地保证工件的加工精度

用夹具装夹工件时，工件相对于刀具及机床的位置精度由夹具保证，不受工人技术水平的影响，使一批工件的加工精度趋于一致。

2. 能减少辅助工时，提高劳动生产率

使用夹具装夹工件方便、快速，工件不需要划线找正，可显著地减少辅助工时；工件在夹具中装夹后提高了工件的刚性，可加大切削用量；可使用多件、多工位装夹工件的夹具，并可采用高效夹紧机构，进一步提高劳动生产率。

3. 能扩大机床的使用范围，实现一机多能

根据加工机床的成形运动，附以不同类型的夹具，即可扩大机床原有的工艺范围。例如，在车床的溜板上或摇臂钻床工作台上装上镗模，就可以进行箱体零件的镗孔加工。

三、车床夹具的主要类型

根据工件的定位基准和夹具本身的结构特点，车床夹具可分为以下 4 类。

1）以工件外圆定位的车床夹具，如各类卡盘和夹头。

2）以工件内孔定位的车床夹具，如各种心轴。

3）以工件顶尖孔定位的车床夹具，如顶尖、拨盘等。

4）用于加工非回转体的车床夹具，如各种弯板式、花盘式车床夹具。

【课后测评】

1. 车床上装夹工件的方法主要有哪几种？

2. 简述自定心卡盘装夹和单动卡盘装夹的特点与区别之处。

3. 简述一夹一顶装夹和双顶尖装夹的特点与区别之处。

任务二　台阶轴加工

【学习目标】

1. 掌握选择、装夹车刀的方法和技能。

2. 能独立完成端面、外圆、台阶轴的加工。

3. 安全文明生产。

【任务描述】

车削轴类零件是车削加工中最普遍也是最典型的加工内容，轴类零件的加工主要是外圆加工和端面加工，这是轴类零件加工中的基础技术与技能，也是最常见的工作，是学习车削加工其他技术和技能的重要技能基础。加工零件图样及三维图如图 2-9 所示。

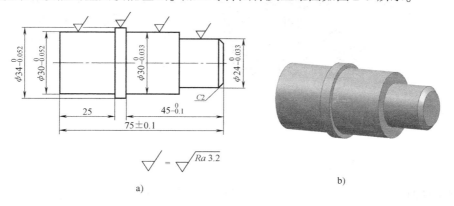

图 2-9　加工零件图样及三维图

a）零件图样　b）三维图

（1）台阶轴是如何加工的？

（2）台阶轴加工过程中的尺寸精度和表面粗糙度是如何保证的？

【知识链接】

一、选择、装夹车刀

加工外圆、端面、台阶常用的刀具一般有 45°车刀、75°车刀、90°车刀，见表 1-3。

实践证明，车刀装夹正确与否，将直接影响加工工件的尺寸精度和表面质量，装夹车刀的操作要领主要有（图 2-10）：

1）关闭车床电源，将刀架尽量远离卡盘和工件，以防发生碰撞。

2）车刀不要伸出太长，一般伸出长度为车刀刀杆厚度的 1.5 倍。

3）刀杆中心线一般要与工件轴线垂直，以防影响刀具主、副偏角的大小。

4）车刀刀尖应与工件中心等高，以防影响刀具前、后角的大小，从而影响切削加工质量。在采用垫片调整车刀刀尖高度时，垫片应对齐、平整，数量宜少不宜多，防止振动。

5）车刀刀尖对中心的方法主要有：

① 试切端面。

② 使车刀刀尖与尾座顶尖等高。

③ 根据所操作车床中心高，测量刀尖到中滑板的高度。

6）车刀应用刀架扳手夹紧牢固，用完扳手应归位。

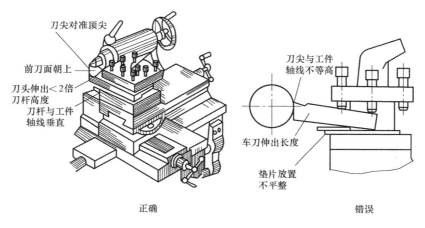

图 2-10 装夹车刀示意图

二、车端面（图 2-11）

车削工件时，往往采用工件的端面作为测量轴向尺寸的基准，必须先进行加工。这样既可以保证车外圆时在端面附近是连续切削的，也可以保证钻孔时钻头与端面是垂直的。

车端面的操作要领主要有：

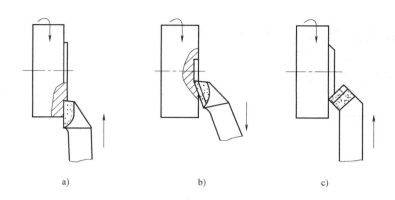

图 2-11　车端面示意图

a）90°车刀车端面　b）90°车刀由里向外车端面　c）45°车刀车端面

1）端面车刀在装夹时一定要与车床的主轴线等高，车刀高于主轴轴线会形成凸台，并且使车刀的后角抵靠凸台，导致工件变形，无法完成加工项目；车刀低于主轴轴线，也会形成凸台并且损坏刀尖。

2）选择合适的主轴转速，车床起动。

3）用手动方法开始车削，由于工件毛坯一般都有毛刺，所以车削时先试切削（即让刀尖与工件端面稍稍接触一下），再决定背吃刀量，而后利用小滑板手柄或溜板箱上大手轮进行进刀，然后缓慢、均匀转动中滑板手柄手动进给或中滑板机动进给进行车削。

4）当车刀进给至工件中心处，进给速度适当放缓，以防切屑损坏刀尖。

三、车外圆

外圆车削是通过工件旋转和车刀的纵向进给运动来实现的，如图 2-12 所示。车外圆时为了保证背吃刀量的准确性，一般采取试切法。

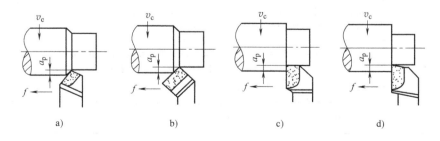

图 2-12　车外圆示意图

试切法即在开始车削时让车刀的刀尖轻轻接触工件的外圆表面，此时记住中滑板刻度盘上的数字，然后退回车刀，再以上次的数字作为基准，决定背吃刀量。

试切法车外圆的操作要领主要有（图 2-13）：

1）车床起动，车刀刀尖轻轻接触工件外圆表面。

2）中滑板手柄不动，大手轮右向退刀。

3）根据中滑板刻度盘刻度，进刀（粗加工，控制背吃刀量，留精加工余量）。

4）试切长度 1~2mm。

5）中滑板手柄不动，大手轮右向退刀，停车测量。

6）根据测量结果和尺寸要求，调整背吃刀量，纵向进给加工外圆（精加工，保证尺寸精度和表面粗糙度要求），加工完成，退刀停车。

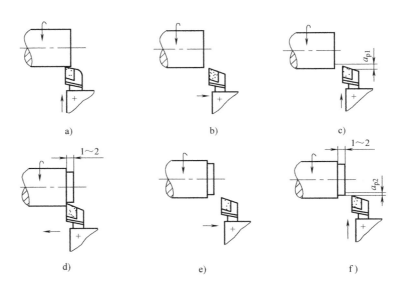

图 2-13　车外圆操作规程

切削用量的选择见表 2-4。

表 2-4　切削用量的选择

加工阶段	选择方法	目的和意义
粗车	首先应选择一个尽可能大的背吃刀量，最好一次能将粗车余量切除，若余量太大一次无法切除的才可分为两次或三次；其次选择一个较大的进给量，最后根据已选定的背吃刀量和进给量，在工艺系统刚度、刀具寿命和机床功率许可的条件下选择一个合理的切削速度	尽快把多余材料切除，提高生产率，同时兼顾刀具寿命
精车	背吃刀量是根据技术要求由粗车后留下的余量所确定的，一般情况下，精车时选取 $\alpha_p = 0.1 \sim 0.5$mm。若工件表面质量要求较高，可分几次进给完成，但最后一次进给的背吃刀量不得小于 0.1mm 根据刀具材料选择切削速度：高速工具钢车刀应选较低的切削速度（$v_c < 5$m/mm），硬质合金车刀应选较高的切削速度（$v_c > 80$m/mm）	以保证工件加工质量为主，并兼顾生产率和刀具寿命

【友情提醒】

1）粗车的目的是切除大部分余量，只要刀具和机床性能许可，粗车时，切削速度可以大一点，以减少切削时间，提高工效。

2）精车时主要保证零件的加工精度和表面质量，因此精车时切削速度较高，进给量较小，背吃刀量较小。

3）车床转速要适宜，手动进给量要均匀。

4）切削时先开车后进刀，切削完毕先退刀后停车。

5）停车才能变速或检测工件。

四、车台阶

车台阶是外圆和端面的综合加工，车台阶一般使用75°右偏刀或90°车刀，采用分层切削的方法进行（图2-14）。

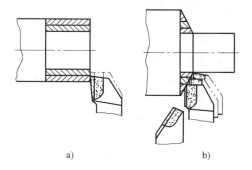

图 2-14　台阶车削方法

a）右偏刀分层切削　b）75°、90°车刀切削

车台阶的操作要领主要有：

1）起动车床，车平端面，然后停车。

2）量出划线长度（划线长度不超过外圆长度），起动车床，利用刀尖在工件表面划线。

3）起动车床，试切法加工外圆至要求尺寸，长度车至划线处。

4）当最后一刀外圆车至划线处时，溜板箱大手轮不动，记下中滑板刻度盘刻度，中滑板退刀，然后停车。

5）保证长度尺寸。

① 如加工低台阶（台阶高度小于5mm），测量已加工长度尺寸，算出长度余量，起动车床，转动中滑板手柄将刀尖移至最后一刀车外圆时的中滑板刻度处，利用小滑板手柄进刀，切除长度余量，中滑板退刀，车出台阶的端面，保证长度尺寸。

② 如加工高台阶，测量已加工长度尺寸，算出长度余量，利用小滑板手柄进刀（可分层切削），控制工件长度。起动车床，转动中滑板手柄进行切削，切至最后一刀车外圆时的中滑板刻度处，再反向转动小滑板手柄，直至无铁屑出现，中滑板退刀，车出台阶的端面，保证长度尺寸。

6）台阶的测量。外圆表面直径可用游标卡尺或外径千分尺直接测量（图2-15）。台阶长度可用钢直尺、游标卡尺测量，对于长度要求精确的台阶可用深度尺来测量（图2-16）。

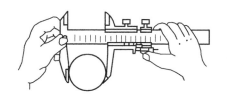

图 2-15　检测外圆尺寸示意图

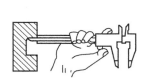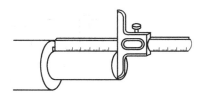

图 2-16　检测台阶长度示意图

【任务实施】

练一练

根据所学知识，联系生产实际练一练：

1. 车刀装夹及刀尖对中心操作要领。
2. 车端面方法及操作要领。
3. 车外圆方法及操作要领。
4. 车台阶方法及操作要领。
5. 根据任务图样（图2-9），实际操作车台阶（表2-5）。

表2-5　台阶轴加工操作步骤

加工步骤	图　　示	加工内容
1	$\phi 34_{-0.052}^{0}$　33	1. 工件伸出卡爪35mm左右,找正并夹紧,车平端面 2. 粗、精加工外圆ϕ34mm,保证尺寸精度和表面粗糙度值,长度为33mm左右
2	$\phi 30_{-0.052}^{0}$　$\phi 34_{-0.052}^{0}$　25　33	粗、精加工ϕ30mm×25mm外圆,保证尺寸精度和表面粗糙度值,去毛刺、倒角
3	$\phi 30_{-0.033}^{0}$　$45_{-0.1}^{0}$　75 ± 0.1	1. 调头夹住ϕ30mm外圆,找正并夹紧,车端面保证总长75mm至尺寸精度要求 2. 粗、精加工ϕ30mm×45mm外圆,保证尺寸精度和表面粗糙度值
4	$\phi 30_{-0.033}^{0}$　$\phi 24_{-0.033}^{0}$　C2　20　$45_{-0.1}^{0}$　75 ± 0.1	1. 粗、精加工ϕ24mm×20mm外圆,保证尺寸精度和表面粗糙度值 2. 倒角C2,去毛刺,复核工件各尺寸 3. 卸下工件,完成操作

【任务评价】

通过以上学习，根据任务实施过程，将完成任务的情况记入表2-6和表2-7中，完成任务评价。

表2-6　台阶轴加工任务评价表

任务名称		编号		姓名		日期	
序号	考核内容		考核要求	自评	互评	教师评语	
1	知识与技能 （60分）		1. 车刀装夹及刀尖对中心操作要领				
			2. 车端面方法及操作要领				
			3. 车外圆方法及操作要领				
			4. 车台阶方法及操作要领				
			5. 根据任务图样，车台阶				
2	过程与方法 （20分）		1. 学习态度				
			2. 参与程度				
			3. 过程操作及安全文明生产				
			4. 思维创新				
3	情感态度价值观 （20分）		1. 学习兴趣				
			2. 乐观、积极向上的工作态度				
			3. 责任与担当				
			4. 人与自然的可持续发展思想				
	合计						

表2-7　台阶轴加工考核评价表

工件名称			班级			姓名	
序号	检测项目	配分/分	评分标准			检测结果	得分
1	$\phi 30_{-0.033}^{0}$ mm/$Ra3.2\mu m$	10/6	每超差0.01mm扣2分，每降一级扣3分				
2	$\phi 24_{-0.033}^{0}$ mm/$Ra3.2\mu m$	10/6	每超差0.01mm扣2分，每降一级扣3分				
3	$\phi 30_{-0.052}^{0}$ mm/$Ra3.2\mu m$	10/6	每超差0.01mm扣2分，每降一级扣3分				
4	$\phi 34_{-0.052}^{0}$ mm/$Ra3.2\mu m$	10/6	每超差0.01mm扣2分，每降一级扣3分				
5	(75 ± 0.1) mm	8	超差不得分				
6	$45_{-0.1}^{0}$ mm	8	超差不得分				
7	25mm	5	超差不得分				
8	倒角 $C2$	5	超差不得分				
9	安全文明生产	10	违反一项不得分				
	总分	100	总得分				

【知识拓展】

台阶轴常用测量工具

一、游标卡尺

1. 游标卡尺的结构形状（图 2-17）

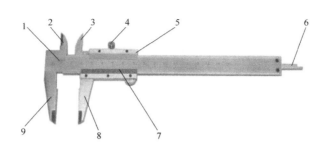

图 2-17　游标卡尺示意图

1—尺身　2、3—内测量爪　4—制动螺钉　5—尺框　6—深度尺　7—游标　8、9—外测量爪

游标卡尺是车工应用最多的通用量具。测量范围有 0 ~ 150mm、0 ~ 200mm、0 ~ 300mm 等，分度值有 0.02mm 和 0.05mm 两种。游标卡尺的结构形状如图 2-17 所示。游标卡尺的测量方法如图 2-18 所示。

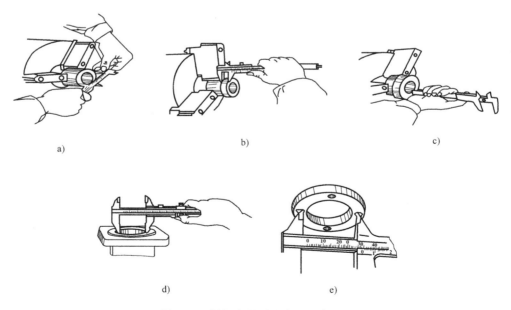

图 2-18　游标卡尺测量方法示意图

2. 游标卡尺使用步骤

1）擦净零件被测表面和游标卡尺的内、外测量爪。

2）校对游标卡尺的零位，若零位不能对正时，记下此时数值，将零件的各测量数值加上或减去该数值即可。

3）测量时，移动游标并使测量爪与工件被测表面保持良好接触，卡脚应和测量面贴平，以防卡脚歪斜造成测量误差。

4）测量时，使测量面与工件轻轻接触，切不可预先调好尺寸硬卡工件，测量力要适当，测量力过大会造成尺框倾斜，产生测量误差；测量力太小，卡尺与工件接触不良，使测量尺寸不准确。

5）读数前应明确所用游标卡尺的分度值，读数时先读出游标零线左边在尺身上的整数毫米值；接着在游标尺上找到与尺身某处对齐的标尺标记，在游标尺上读出小数毫米值；然后再将上面两项读数相加，即为被测表面的实际尺寸。游标卡尺读数示意图如图2-19所示。

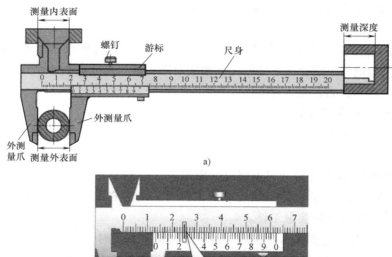

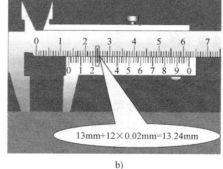

图2-19　游标卡尺读数示意图

a）游标卡尺的组成及测量方法　b）游标卡尺的读数方法

6）取下游标卡尺时，应把制动螺钉拧紧，以防尺寸变动，影响读数准确性。

二、外径千分尺

1. 外径千分尺的结构形状（图2-20）

千分尺是生产中常用的一种精密量具。测量范围有0～25mm、25～50mm、50～75mm、75～100mm等，它的分度值一般为0.01mm。千分尺的结构形状如图2-20所示。

2. 外径千分尺使用步骤

1）擦净零件被测表面和千分尺的测量面。

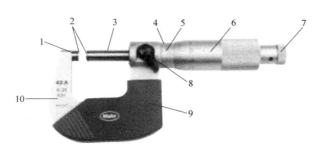

图 2-20　外径千分尺示意图

1—测砧　2—硬质合金测量面　3—丝杠　4—固定套筒　5—标尺　6—微分筒
7—测力装置　8—锁紧装置　9—隔热护板　10—尺架

2）校对千分尺的零位，即检查微分筒上的零线和固定套筒上的零线基准是否对齐，测量值中要考虑到零位不准的示值误差，并加以校正。

3）测量时，先读出微分筒左面固定套筒上露出的标尺标记整数及半毫米值；再找出微分筒上哪条标尺标记与固定套筒上的轴向基准线对准，读出尺寸的毫米小数值；最后将上面两项读数相加，即为被测表面的实际尺寸。

3. 外径千分尺使用注意事项

1）外径千分尺是一种精密量具，使用时应小心谨慎，动作轻缓，以防碰撞。千分尺内有精密的细牙螺纹，使用时要注意：

① 微分筒和测力装置在转动时不能过分用力。

② 当转动微分筒带动活动测头接近被测工件时，一定要改用测力装置旋转并接触被测工件，不能直接旋转微分筒测量工件。

③ 当活动测头与固定测头卡住被测工件或锁住锁紧装置时，不能强行转动微分筒。

2）外径千分尺的尺架上装有隔热装置，以防手温引起尺架膨胀造成测量误差，所以测量时，应手握隔热装置，尽量减少手和千分尺金属部分的接触。

3）外径千分尺使用完毕后，应用布擦拭干净，在固定测头和活动测头的测量面间留出空隙，再放入盒中。如长期不使用可在测量面上涂上防锈油，置于干燥处。

【课后测评】

1. 车刀刀尖对中心有几种方法？
2. 简述车端面与车外圆的操作要领。
3. 简述车台阶轴的操作要领。

任务三　　切断和车外沟槽

【学习目标】

1. 掌握选择、装夹切断刀、车槽刀的方法和技能。

2. 能独立完成车槽、切断加工。

3. 安全文明生产。

【任务描述】

加工零件图样及三维图如图 2-21 所示。

在车削加工中，把棒料或工件切成两段（或多段）的加工方法称为切断；车削外圆及轴肩部分的沟槽，称为车外沟槽。槽一般在轴类零件和套类零件上经常见到，常见的沟槽如图 2-22 所示。

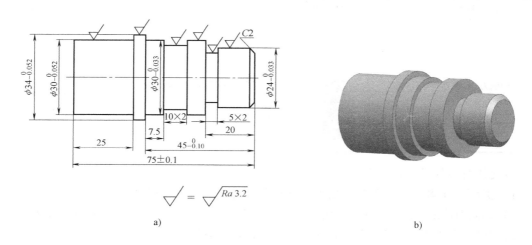

a)   b)

图 2-21 加工零件图样及三维图

a) 零件图样 b) 三维图

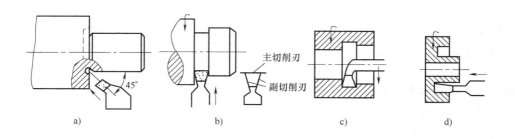

a)   b)   c)   d)

图 2-22 常见的沟槽

a) 45°沟槽 b) 外圆沟槽 c) 内孔沟槽 d) 端面槽

想一想

（1）工件的切断是如何进行的？

（2）简述车外沟槽的操作要领。

【知识链接】

一、切断

1. 选择、装夹切断刀

切断刀是以横向进给为主，前端的切削刃是主切削刃，两侧的切削刃是副切削刃。矩形车槽刀和切断刀的几何形状基本相似，见表2-8。

表2-8 切断刀、车槽刀

车刀种类	车刀外形图	车刀用途	车削加工示意图
切断刀、车槽刀		切断工件或在工件上车槽	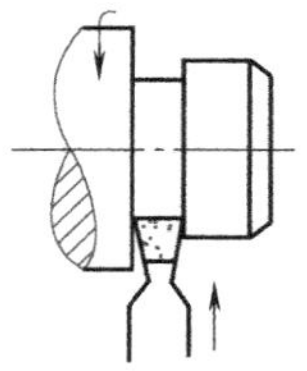

装夹切断刀的操作要领主要有：

1）关闭车床电源，将刀架尽量远离卡盘和工件，以防发生碰撞。

2）切断刀伸出不宜太长（一般比工件半径长5mm左右），否则容易产生振动和损坏刀具。

3）切断刀的中心线与工件中心线垂直，保证两个副偏角对称。

4）切断实心工件时，切断刀的主切削刃必须对准工件中心，否则不能车到中心，而且容易崩刃，甚至折断刀具。

5）切断刀的底平面应平整，保证两个副后角对称。

6）切断刀应用刀架扳手夹紧牢固，用完扳手应归位。

2. 切断的方法

（1）直进法 指垂直于工件轴线方向进行切断。这种方法效率高，但此方法对车床、切断刀的刃磨和安装都有较高的要求，否则容易造成刀头折断，如图2-23a所示。

（2）左右借刀法 指在切削系统（刀具、工件、车床）刚性不足的情况下，可采用左右借刀法切断，切断刀在轴线方向反复地往返移动，随之两侧径向进给，直至工件切断，如图2-23b所示。

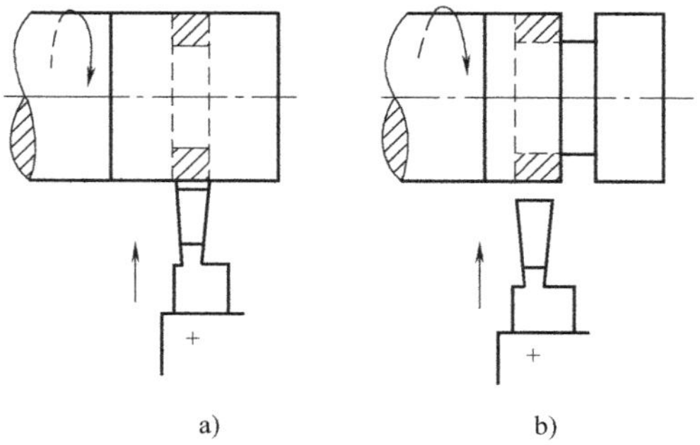

图 2-23 切断方法

3. 切断的操作要领

1）量取合适的切断位置，保证切断长度。

2）选择合适的主轴转速，车床起动。

3）用手动方法开始横向进给切断，加注切削液，切削速度比车外圆时略高，进给量比车外圆时略低，切断时用力要均匀并且不停顿。即将切断时，速度要放慢，以免折断刀头。

【友情提醒】

1）切断处应尽量靠近卡盘，以保证切断时工件和刀具有足够的刚度和强度，必要时可以采用后顶尖辅助支撑工件，以提高刚度。

2）切断时要注意排屑是否流畅，如有堵塞现象，应及时退刀清除铁屑。

3）保证切削液及时冷却刀具和工件。

二、车外沟槽

1. 选择、装夹车槽刀

车槽刀与切断刀选择方法基本类似，在此不一一介绍。

装夹车槽刀的操作要领主要有：

1）关闭车床电源，将刀架尽量远离卡盘和工件，以防发生碰撞。

2）车槽刀伸出不宜太长（一般比工件槽深长 5mm 左右），否则容易产生振动和损坏刀具。

3）车槽刀的中心线与工件中心线垂直，保证两个副偏角对称。

4）车槽刀的主切削刃必须对准工件中心，同时必须与车床主轴中心线平行，否则槽底部车不平。

5）车槽刀的底平面应平整，保证两个副后角对称。

6）车槽刀应用刀架扳手夹紧牢固，用完扳手应归位。

2. 车槽的方法

宽度为 5mm 以下的窄槽，可用与槽等宽的车槽刀一次车出。较宽的槽可以用左、右偏刀车端面，分次完成。精度要求较高的沟槽，可采取两次直进法车削，即第一次车槽时注意槽壁两侧留有精车余量，然后再根据槽深、槽宽进行精车，车槽方法如图 2-24 所示。

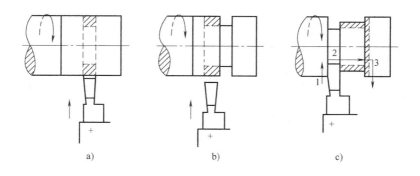

a)　　　　　　　　　　b)　　　　　　　　　　c)

图 2-24　车槽方法

3. 车槽的操作要领

1）量取合适的车槽位置。

2）选择合适的主轴转速，车床起动。

3）横向进给车槽，加注切削液，切削速度比车外圆时略高，进给量比车外圆时略低，车槽时用力要均匀，及时测量并利用小滑板手柄控制槽的位置及槽宽，利用中滑板手柄控制槽深。

【友情提醒】

1）车槽处应尽量靠近卡盘，以保证车槽时工件和刀具有足够的刚度和强度，必要时可以采用后顶尖辅助支撑工件，以提高刚度。

2）车槽时要注意排屑是否流畅，如有堵塞现象，应及时退刀清除铁屑。

3）保证切削液及时冷却刀具和工件。

【任务实施】

练一练

根据所学知识，联系生产实际练一练：

1. 正确装夹车槽刀、切断刀。

2. 正确车槽，掌握操作要领。

3. 正确切断，掌握操作要领。

4. 根据任务图样（图2-21），车槽综合训练（表2-9）。

表 2-9　车槽操作步骤

加工步骤	图示	加工内容
1	$\phi 34^{\,0}_{-0.052}$ 33	1. 工件伸出卡爪 35mm 左右，找正并夹紧，车平端面 2. 粗、精加工外圆 ϕ34mm，保证尺寸精度和表面粗糙度值，长度为 33mm 左右
2	$\phi 30^{\,0}_{-0.052}$ $\phi 34^{\,0}_{-0.052}$ 25 33	粗、精加工 ϕ30mm × 25mm 外圆，保证尺寸精度和表面粗糙度值，去毛刺
3	$\phi 30^{\,0}_{-0.033}$ $45^{\,0}_{-0.1}$ 75±0.1	1. 调头夹住 ϕ30mm 外圆，找正并夹紧，车端面保证总长 75mm 至尺寸精度要求 2. 粗、精加工 ϕ30mm × 45mm 外圆，保证尺寸精度和表面粗糙度值

（续）

加工步骤	图示	加工内容
4	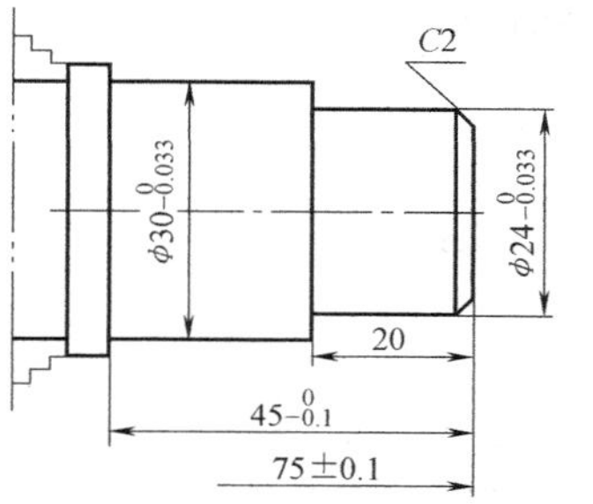 $\phi30_{-0.033}^{0}$ $\phi24_{-0.033}^{0}$ $C2$ 20 $45_{-0.1}^{0}$ 75 ± 0.1	1. 粗、精加工 $\phi24\text{mm}\times20\text{mm}$ 外圆,保证尺寸精度和表面粗糙度值 2. 倒角 $C2$,去毛刺
5	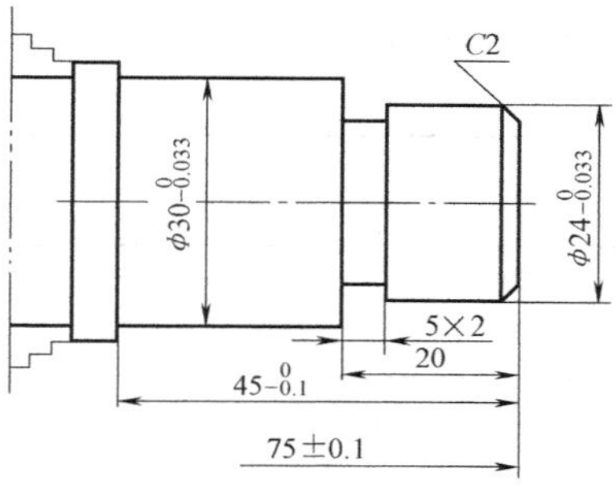 $\phi30_{-0.033}^{0}$ $\phi24_{-0.033}^{0}$ $C2$ 5×2 20 $45_{-0.1}^{0}$ 75 ± 0.1	1. 车槽 $5\text{mm}\times2\text{mm}$,保证槽宽和槽深,保证长度 20mm 至尺寸精度要求 2. 倒角、去毛刺
6	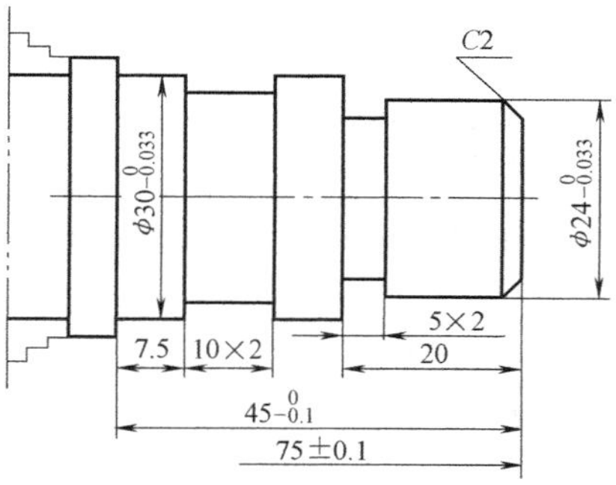 $\phi30_{-0.033}^{0}$ $\phi24_{-0.033}^{0}$ $C2$ 7.5 10×2 5×2 20 $45_{-0.1}^{0}$ 75 ± 0.1	1. 车槽 $10\text{mm}\times2\text{mm}$,保证槽宽和槽深,保证长度 7.5mm 至尺寸精度要求 2. 倒角、去毛刺,复核工件各尺寸 3. 卸下工件,完成操作

【任务评价】

通过以上学习，根据任务实施过程，将完成任务情况记入表 2-10 和表 2-11 中，完成任务评价。

表 2-10 车槽、切断任务评价表

任务名称		编号		姓名		日期		
序号	考核内容		考核要求		自评	互评		教师评语
1	知识与技能 （60分）		1. 正确装夹车槽刀、切断刀					
			2. 正确切断					
			3. 正确车槽					
			4. 根据任务图样,车槽综合训练					

（续）

任务名称		编号		姓名		日期	
序号	考核内容	考核要求		自评	互评	教师评语	
2	过程与方法 （20分）	1. 学习态度					
		2. 参与程度					
		3. 过程操作及安全文明生产					
		4. 思维创新					
3	情感态度价值观 （20分）	1. 学习兴趣					
		2. 乐观、积极向上的工作态度					
		3. 责任与担当					
		4. 人与自然的可持续发展思想					
		合计					

表 2-11　车槽、切断考核评价表

工件名称				班级		姓名	
序号	检测项目		配分/分	评分标准		检测结果	得分
1	$\phi 30_{-0.033}^{0}$ mm/$Ra3.2\mu$m		10/4	每超差 0.01mm 扣 2 分,每降一级 扣 3 分			
2	$\phi 24_{-0.033}^{0}$ mm/$Ra3.2\mu$m		10/4	每超差 0.01mm 扣 2 分,每降一级 扣 3 分			
3	$\phi 30_{-0.052}^{0}$ mm/$Ra3.2\mu$m		10/4	每超差 0.01mm 扣 2 分,每降一级 扣 3 分			
4	$\phi 34_{-0.052}^{0}$ mm/$Ra3.2\mu$m		10/4	每超差 0.01mm 扣 2 分,每降一级 扣 3 分			
5	(75 ± 0.1) mm		5	超差不得分			
6	$45_{-0.1}^{0}$ mm		5	超差不得分			
7	5mm×2mm		6	超差不得分			
8	10mm×2mm		6	超差不得分			
9	7.5mm、20mm、25mm		2×3	超差不得分			
10	倒角 C2		6	超差不得分			
11	安全文明生产		10	违反一项不得分			
	总分		100	总得分			

 【课后测评】

1. 切断刀、车槽刀的安装要点有哪些?
2. 简述切断的操作要领。
3. 简述车槽的操作要领。

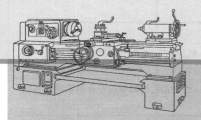

项目三

套类零件的加工

项 目 描 述

在机械零件中，除了轴类零件以外，常见的还有套类零件。套类零件指带有孔的工件。

套类零件一般由内孔、外圆、端面和沟槽等表面组成，其中孔和外圆是最主要的加工面。在机械设备中，常见的套类零件有轴承套、齿轮、液压缸、气缸套、夹具中的导向套等。套类零件如图3-1所示。

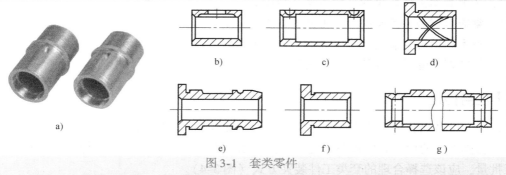

图3-1 套类零件

a）套类零件实物图 b）、d）滑动轴承 c）轴承衬套 e）气缸套 f）钻套 g）液压缸

套类零件内孔的加工方法主要有钻孔、车孔和铰孔。对于无精度要求的孔采用麻花钻直接钻出，对于一般精度要求的孔需采用先钻孔再车孔的方法，对于精度要求较高的孔可以采用钻孔、车孔、铰孔的方法，如图3-2、图3-3所示。

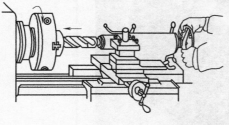

图3-2 钻孔

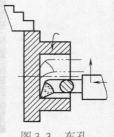

图3-3 车孔

套类工件的技术要求见表3-1。

表 3-1　套类工件的技术要求

种类	具体要求
尺寸精度	主要包括孔径尺寸和长度尺寸,孔径尺寸公差等级一般为 IT7～IT9,长度尺寸公差等级一般为IT8～IT10
表面结构	与传动件相配合的孔的表面粗糙度值一般为 $Ra3.2～0.63\mu m$,与轴承相配合的孔的表面粗糙度值一般为 $Ra0.63～0.16\mu m$
几何公差	主要是内孔、外圆和主要表面之间的相互位置精度,套的内孔和外圆不仅有同轴度要求,还有径向圆跳动要求和端面与孔的轴线垂直度的要求;较长的套筒除对圆度有要求外,还对孔的圆柱度有要求;形状公差一般控制在孔径公差以内;位置公差一般控制在 $0.02～0.05\mu m$ 范围内

前面学习轴类零件的加工已经让我们对车削加工技术有一定的了解，下面就套类零件的加工展开新一轮的介绍与实践。

任务一　装夹工件

【学习目标】

1. 了解套类工件装夹的各种方法及特点。
2. 掌握自定心卡盘装夹套类工件的方法。
3. 熟悉利用心轴装夹套类工件的方法与特点。
4. 了解薄壁套类工件的装夹方法与特点。

【任务描述】

正确、可靠地装夹套类工件是保证套类工件技术要求的首要条件。套类工件的装夹重点是保证套类工件的形状和位置精度要求，在实际应用中，根据不同的工件形状、技术要求和加工批量，应该选择合理的套类工件装夹方式（图3-4）。

图 3-4　装夹套类工件

（1）套类工件的装夹方式有哪些？

（2）薄壁套类工件的装夹有哪些要求和方式？

【知识链接】

套类工件的装夹方法一般有卡盘直接装夹、心轴装夹、轴向装夹等方法。

一、卡盘直接装夹（图3-5）

在单件小批量生产中，对于短小套类零件，可用自定心卡盘或单动卡盘直接装夹，在一次装夹中完成零件的全部或大部分表面车削加工任务，然后调头装夹再加工。此装夹方法与轴类零件的装夹基本类似，特点是装夹简单、可靠，可获得较高的形状精度和位置精度。在装夹过程中应注意以下几点：

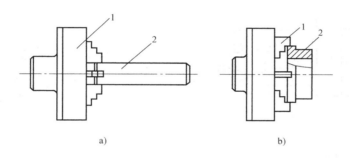

a)　　　　　　　　　　　b)

图 3-5　卡盘装夹套类工件

1—卡盘　2—工件

1）卡盘装夹工件时，注意套类工件的端面需与卡盘端面平行或靠紧卡爪，否则会影响套类工件的同轴度要求。

2）卡盘夹持薄壁型套类工件时，用力不可太大，否则易把工件夹碎，可以采用开缝套筒进行装夹，以增大夹紧面积，提高夹紧效果，如图3-6所示。

二、心轴装夹

在加工精度要求较高的套类工件（如轴套、带轮、齿轮等）时，一般可用已加工好的内孔作为定位基准，采用心轴来装夹。心轴装夹可以使套类工件的径向与轴向圆跳动公差要求得到保证。常用的心轴有圆柱面心轴、圆锥面心轴和胀力心轴等。装夹时将套类工件套在心轴上，固定后采用一夹一顶或两顶尖装夹的方法完成加工。

图 3-6　开缝套筒装夹套类工件

（1）圆柱面心轴（图3-7）　圆柱面心轴应用最广，装夹时，预先将孔车至要求，心轴与孔具有较小的间隙配合，准确定位，利用台阶和螺母进行夹紧，完成整个装夹过程，其特点是一次可以装夹多个工件，但因为心轴与孔配合精度不高，所以利用圆柱面心轴装夹定心精度不高，只能保证0.02mm左右的同轴度要求。

（2）圆锥面心轴（图3-8） 圆锥面心轴带有1:1000～1:5000的锥度，定心精度高，适用于同轴度较高、公差要求较小的零件加工。圆锥面心轴不需夹紧结构，仅靠锥度自锁即可完成零件加工，但承受切削力小，装卸不太方便，一般适用于精加工。

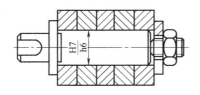

图3-7 圆柱面心轴装夹套类工件

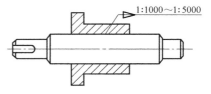

图3-8 圆锥面心轴装夹套类工件

（3）胀力心轴（图3-9） 胀力心轴依靠材料弹性变形所产生的胀力来固定工件。胀力心轴装卸方便，定心精度高，应用广泛。

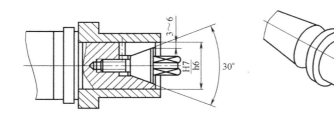

图3-9 胀力心轴装夹套类工件

（4）内加填充物装夹 在加工套类工件的过程中，遇到的最大问题是薄壁套的装夹问题。因为薄壁套的壁较薄，在没有使用心轴的条件下，如用卡盘直接装夹，由于夹紧力难以控制，工件很容易装夹变形或夹坏。此时解决的办法是预先车好一个与套的内孔相配合的填充物（可以是铜件或质地较硬的木头），填充到套内去，然后再装夹加工，这样就不易被夹碎了。待加工完成后，再将填充物取下就可以了。

三、轴向装夹

对于薄壁套类工件来讲，一般的装夹变形是客观存在的，可采用轴向装夹的方法来代替径向装夹，提高装夹精度，如图3-10所示。

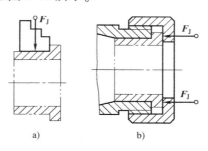

图3-10 轴向装夹套类工件

【任务实施】

练一练

根据所学知识，联系生产实际练一练：

1. 卡盘装夹套类工件。
2. 心轴装夹套类工件。
3. 装夹薄壁套类工件。

【任务评价】

通过以上学习，根据任务实施过程，将完成任务情况记入表 3-2 中，完成任务评价。

表 3-2　装夹套类工件任务评价表

任务名称		编号		姓名		日期	
序号	考核内容	考核要求		自评	互评	教师评语	
1	知识与技能 （60分）	1. 掌握套类工件装夹特点					
		2. 正确利用卡盘装夹套类工件					
		3. 正确利用心轴装夹套类工件					
		4. 正确装夹薄壁套类工件					
2	过程与方法 （20分）	1. 学习态度					
		2. 参与程度					
		3. 过程操作					
		4. 思维创新					
3	情感态度价值观 （20分）	1. 学习兴趣					
		2. 乐观、积极向上的工作态度					
		3. 责任与担当					
		4. 人与自然的可持续发展思想					
合计							

【课后测评】

1. 车床上装夹套类工件的方法主要有哪几种？
2. 简述心轴装夹套类工件的特点和其与卡盘直接装夹、轴向装夹的区别之处。
3. 简述薄壁套类工件的装夹方法。

任务二　钻孔

【学习目标】

1. 掌握认识、装夹麻花钻的方法和技能。

2. 能独立完成钻孔加工。

3. 安全文明生产。

【任务描述】

用钻头在实心工件上加工出孔的工艺过程称为钻孔。钻孔加工是套类工件加工的第一步，属于粗加工阶段，这是套类零件加工中的最基础技术与技能。钻孔零件图及三维图如图 3-11 所示，钻孔示意图如图 3-12 所示。

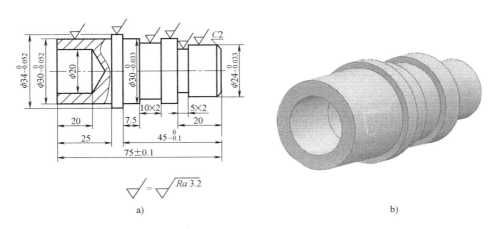

a)   b)

图 3-11　钻孔零件图及三维图

a）零件图　b）三维图

图 3-12　钻孔示意图

钻孔可加工不同直径的孔，钻孔的尺寸公差等级一般为 IT11 左右，表面粗糙度值一般为 $Ra12.5\mu m$。对于精度要求不高的孔，如螺栓的贯穿孔、油孔以及螺纹底孔，可采用钻孔方法直接钻出即可。钻孔也可作为精度较高孔的粗加工，为孔的进一步加工打下基础。

想一想

（1）钻孔用刀具有哪些特点？

（2）在车床上是如何钻孔的？

【知识链接】

一、认识、装夹麻花钻

1. 认识麻花钻

钻孔用的刀具主要是麻花钻。麻花钻由柄部、颈部和工作部分组成。麻花钻的柄部有锥柄和直柄之分，一般直径小于 12mm 的做成直柄；大于 12mm 的做成锥柄（图 3-13）。

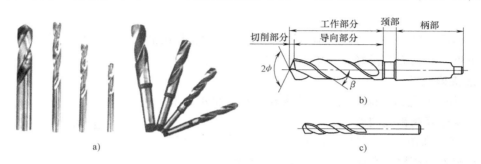

图 3-13　麻花钻

a）麻花钻实物图　b）锥柄麻花钻　c）直柄麻花钻

麻花钻工作部分由导向部分和切削部分组成。导向部分包括两条对称的螺旋槽和较窄的刃带，螺旋槽的作用是形成切削刃和排屑；刃带与工件孔壁接触，起导向和减少钻头与孔壁摩擦力的作用。切削部分有两个对称的切削刃和一个横刃，切削刃承担切削工作，其夹角（顶角）为 118° ±2°；横刃起辅助切削和定心作用，但会大大增加钻削时的进给力。麻花钻切削部分的名称及主要角度如图 3-14 所示。

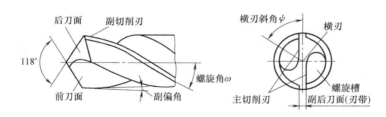

图 3-14　麻花钻切削部分的名称及主要角度

2. 刃磨麻花钻

麻花钻的刃磨质量直接关系到钻孔质量和钻孔效率。麻花钻刃磨时一般只刃磨两个主后刀面，但同时要保证后角、顶角和横刃斜角正确，所以刃磨麻花钻是比较困难的。麻花钻刃磨必须达到下列要求：

1）刃磨顶角为 118° ±2°，横刃斜角为 55°。

2）麻花钻的两条主切削刃应该对称，也就是两主切削刃与钻头轴线成相同的角度，并且长度相等。

钻头刃磨得好坏对钻孔加工产生较大影响，刃磨钻头时出现的主要问题有：顶角不对称（图 3-15a）；切削刃长度不等（图 3-15b）；顶角和刃长都不等，产生台阶（图 3-15c）。

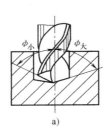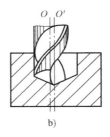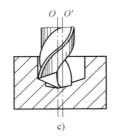

a)　　　　　　　　b)　　　　　　　　c)

图 3-15　刃磨缺陷示意图

刃磨得不正确的钻头会使切削不均匀，钻孔吃力，钻出的孔歪斜，孔径增大，钻头很快磨损。可见，钻头刃磨得好坏直接影响孔加工的质量和效率。

3. 装夹麻花钻

（1）锥柄麻花钻　擦净尾座套筒锥孔，直接将锥柄麻花钻装入尾座套筒锥孔内即可。

（2）直柄麻花钻　用钻夹头（图 3-16）装夹，然后将钻夹头装入车床尾座套筒的锥孔内即可进行钻孔。

（3）用 V 形块装夹钻头　将钻头装入尾座，手动纵向进给钻孔的劳动强度大、工作效率低。为提高工作效率、减轻劳动强度，可用两个 V 形块将直柄钻头装在刀架上

图 3-16　钻夹头实物图

（图 3-17a），也可将锥柄钻头通过专用夹具装在刀架上（图 3-17b）。这种装夹方法可用机动纵向进给钻孔，能提高生产率并减轻劳动强度。

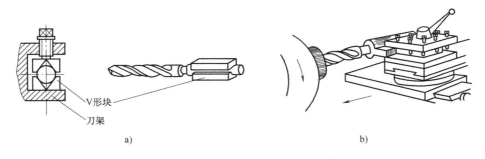

a)　　　　　　　　　　　　　　　　b)

图 3-17　用 V 形块、专用夹具装夹钻头

二、钻孔

1. 钻孔时的切削用量选用

（1）切削速度　高速工具钢麻花钻钻钢料时，一般选取 $v_c = 15 \sim 30\mathrm{m/min}$；钻铸铁时一般选取 $v_c = 10 \sim 25\mathrm{m/min}$；钻铝合金时一般选取 $v_c = 75 \sim 90\mathrm{m/min}$。

（2）进给量　一般选用 $f = 0.15 \sim 0.5\mathrm{mm/r}$，钻削铸铁时进给量可取大一些。

（3）背吃刀量　$a_p = d/2$（d 为麻花钻的直径）。

2. 钻孔操作要领

1）正确装夹工件，车平端面，端面无凸台，便于钻头正确定心。

2）检查车床尾座套筒，做到清洁无杂质，正确选择并装夹钻头。

3）找正尾座，使钻头中心对准工件旋转中心，否则可能使孔径钻大、钻偏，甚至折断钻头。

4）将尾座沿导轨推至离工件端面不远的适当位置，锁紧尾座螺母。

5）开启切削液，起钻时进给量要小，等钻头头部进入工件后正常切削。

6）钻孔时，手轮摇动缓慢、均匀，切不可急于求成，用力过大，折断钻头。

7）钻削一段时间后要让钻头退出工件，以便冷却和排屑，工件将要钻通时不能用力过猛，要减慢进给速度，防止钻头被工件卡死，损坏工件和钻头。

8）钻孔结束后，退出并卸下钻头，防止发生碰撞，关闭切削液。

【友情提醒】

1）麻花钻直径和长度受所加工孔的限制，一般呈细长状，刚性较差，钻孔定心较困难。钻孔定心可采用预先钻中心孔，再钻孔的方法进行；也可采用挡铁来支顶钻头切削部分，完成定心，当钻头切削部分进入工件后，方可退出挡铁，如图 3-18 所示。

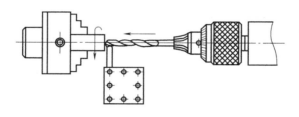

图 3-18 利用挡铁定心示意图

2）钻头横刃处的前角具有很大的负值，切削条件极差，实际上不是在切削，而是在挤刮金属，加工时由钻头横刃产生的进给力很大，稍有偏斜，将产生较大的附加力矩，使钻头弯曲。

3）钻不通孔与钻通孔的方法基本相同，不同的是钻不通孔时需要控制孔的深度，具体操作如下：当钻孔时钻尖开始切入工件端面时，用钢直尺量出尾座套筒的伸出长度 L_1，那么钻不通孔的深度就应该控制为钻孔后所测尾座套筒的伸出长度 L_2 减去 L_1 即可；也可在钻头上做出长度记号，当钻头钻至记号处时即可。

【任务实施】

练一练

根据所学知识，联系生产实际练一练：

1. 认识、刃磨麻花钻。

2. 装夹麻花钻。

3. 正确钻孔，掌握钻孔操作要领。

4. 根据任务图样（图 3-11），实际操作钻孔（表 3-3）。

表 3-3　钻孔加工操作步骤

加工步骤	图示	加工内容
1	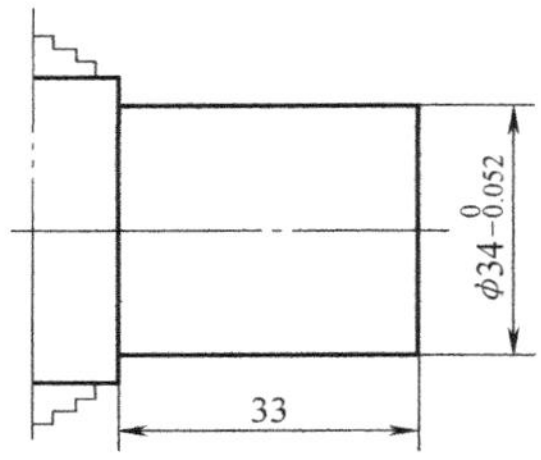	1. 工件伸出卡爪 35mm 左右,找正并夹紧,车平端面 2. 粗、精加工外圆 $\phi34$mm,保证尺寸精度和表面粗糙度值,长度为 33mm 左右
2	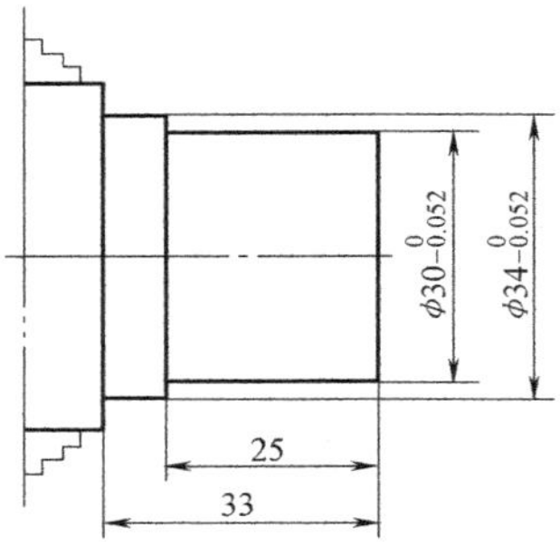	粗、精加工 $\phi30$mm×25mm 外圆,保证尺寸精度和表面粗糙度值,去毛刺
3	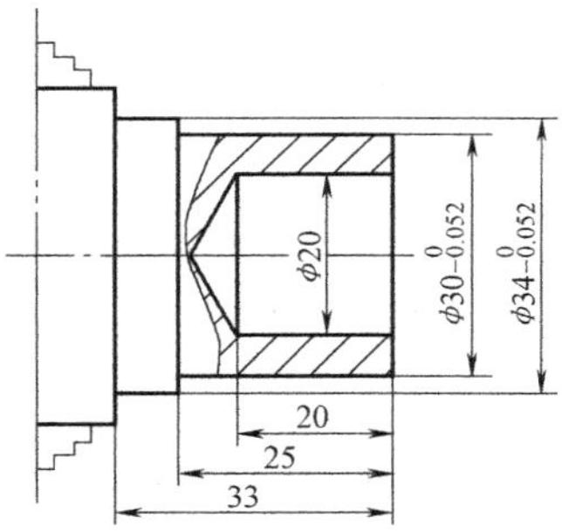	钻孔 $\phi20$mm,长度 20mm,倒角
4	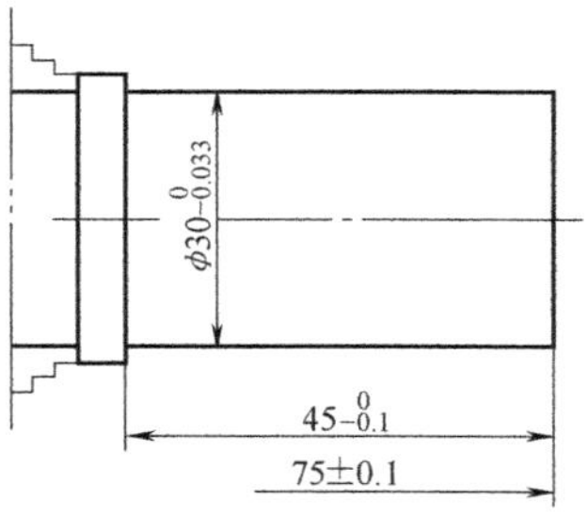	1. 调头夹住 $\phi30$mm 外圆,找正并夹紧,车端面保证总长 75mm 至尺寸精度要求 2. 粗、精加工 $\phi30$mm×45mm 外圆,保证尺寸精度和表面粗糙度值

（续）

加工步骤	图示	加工内容
5		1. 粗、精加工 $\phi24mm \times 20mm$ 外圆，保证尺寸精度和表面粗糙度值 2. 倒角 $C2$，去毛刺
6		1. 车槽 $5mm \times 2mm$，保证槽宽和槽深，保证长度 $20mm$ 至尺寸精度要求 2. 倒角、去毛刺
7		1. 车槽 $10mm \times 2mm$，保证槽宽和槽深，保证长度 $7.5mm$ 至尺寸精度要求 2. 倒角、去毛刺，复核工件各尺寸 3. 卸下工件，完成操作

【任务评价】

通过以上学习，根据任务实施过程，将完成任务情况记入表3-4、表3-5中，完成任务评价。

表3-4 钻孔加工任务评价表

任务名称		编号		姓名		日期	
序号	考核内容	考核要求		自评	互评	教师评语	
1	知识与技能 （60分）	1. 选择、刃磨钻头					
		2. 正确装夹麻花钻					
		3. 正确钻孔，掌握钻孔操作要领					

（续）

任务名称		编号		姓名		日期	
序号	考核内容		考核要求	自评	互评	教师评语	
2	过程与方法 （20分）		1. 学习态度				
			2. 参与程度				
			3. 过程操作及安全文明生产				
			4. 思维创新				
3	情感态度价值观 （20分）		1. 学习兴趣				
			2. 乐观、积极向上的工作态度				
			3. 责任与担当				
			4. 人与自然的可持续发展思想				
	合计						

表 3-5　钻孔加工考核评价表

工件名称			班级		姓名	
序号	检测项目	配分/分	评分标准	检测结果		得分
1	$\phi 30_{-0.033}^{0}$ mm/$Ra3.2\mu m$	10/5	每超差 0.01mm 扣 2 分，每降一级扣 3 分			
2	$\phi 24_{-0.033}^{0}$ mm/$Ra3.2\mu m$	10/5	每超差 0.01mm 扣 2 分，每降一级扣 3 分			
3	$\phi 30_{-0.052}^{0}$ mm/$Ra3.2\mu m$	10/5	每超差 0.01mm 扣 2 分，每降一级扣 3 分			
4	$\phi 34_{-0.052}^{0}$ mm/$Ra3.2\mu m$	10/5	每超差 0.01mm 扣 2 分，每降一级扣 3 分			
5	$\phi 20$mm、20mm	10	超差不得分			
6	（75 ± 0.1）mm	5	超差不得分			
7	$45_{-0.1}^{0}$ mm	5	超差不得分			
8	25mm、7.5mm、20mm	5	超差不得分			
9	倒角 C2	5	超差不得分			
10	安全文明生产	10	违反一项不得分			
	总分	100	总得分			

【知识拓展】

钻 中 心 孔

在钻孔时，为保证钻头定心准确，可以预钻中心孔，起定心作用，也为一夹一顶加工和两顶尖装夹做好准备，如图 3-19 所示。

中心孔的加工操作要领主要有：

1）正确装夹工件，车平端面，无凸台，便于钻头正确定心。

2）检查车床尾座套筒，做到清洁无杂质，用钻夹头装夹中心钻并装入尾座套筒锥孔内。

3）找正尾座，使中心钻中心对准工件旋转中心，否则可能钻偏甚至折断中心钻。

4）将尾座沿导轨推至离工件端面不远的适当位置,锁紧尾座螺母。

5）开启切削液,转速调整至600r/min,起钻时进给量要小。

6）钻中心孔时,手轮摇动缓慢、均匀,切不可急于求成,用力过大,折断中心钻。

7）中心钻前刀面锥面进入工件3/4处时停止进给,3~5s后快速退出中心钻,提高中心孔表面质量。

8）钻中心孔结束后,退出并卸下中心钻,防止发生碰撞,关闭切削液。

图 3-19　钻中心孔

【课后测评】

1. 套类工件的加工特点有哪些?
2. 钻头的刃磨要求及注意事项有哪些?
3. 简述钻孔方法及操作要领。

任务三　车削内孔

【学习目标】

1. 掌握选择、装夹车孔刀具的方法和技能。
2. 能独立完成车孔加工。
3. 安全文明生产。

【任务描述】

车孔零件图及三维图如图3-20所示。

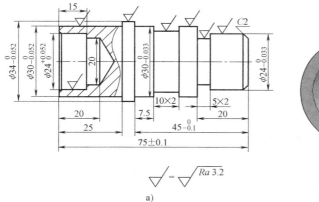

a)

b)

图 3-20　车孔零件图及三维图

a) 零件图　b) 三维图

套类工件经过钻孔加工后，其精度较低，表面粗糙度值大，为了达到相应的技术要求，必须进行车孔。车孔是在钻孔加工后对套类工件进行的一种精加工工艺，也是孔常用的加工方法之一。车孔的工艺特点主要有：

1）车孔可对不同孔径的孔进行粗、半精和精加工。

2）车孔加工尺寸公差等级可达 IT6 ~ IT7。

3）车孔的表面粗糙度值可控制在 $Ra0.8 ~ 6.3\mu m$。

4）车孔能修正前工序造成的孔轴线的弯曲、偏斜等几何误差。

想一想

（1）车孔刀具的特点是什么？

（2）车孔的加工特点及步骤有哪些？

【知识链接】

一、选择、装夹车孔刀具

1. 选择车孔刀具

车孔刀具（俗称镗刀）主要有通孔车刀和不通孔车刀，如图3-21所示。不通孔车刀的刀尖在刀杆的最前端，主要用来车不通孔和台阶孔，其切削部分的几何形状与偏刀基本相似，主偏角为 93° ~ 95°；通孔车刀的几何形状与外圆车刀相似，它的主偏角一般为 60° ~ 75°，副偏角为 15° ~ 30°。

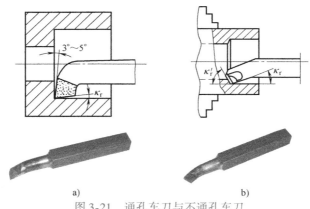

图 3-21　通孔车刀与不通孔车刀

a）不通孔车刀　b）通孔车刀

2. 装夹内孔车刀

内孔车刀装夹合理与否，将直接影响刀具的车削情况及车孔精度，所以以装夹内孔车刀的操作要领主要有：

1）内孔车刀刀杆轴线要与工件轴线平行，否则车孔时刀杆会碰到内孔表面，发生挤压现象。

2）为了增加刀杆强度，刀杆不能伸出太长，一般比被加工孔长 5 ~ 6mm，以便增加刀杆强度，如图3-22所示。

3）内孔车刀刀尖应与工件轴线等高或略高一点，同时刀头不能碰到内孔壁。

4）为了确保车孔安全，通常在车孔前把内孔车刀在孔内试走一遍，以保证车孔顺利进行。

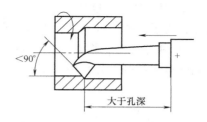

图 3-22　内孔车刀刀杆伸出长度示意图

二、车孔操作要领

1. 车孔时的切削用量选用

车孔时，因为内孔排屑不畅、散热较差，同时由于内孔车刀刀尖先切入工件，其受力较大，刀尖本身强度较差，所以内孔车刀容易碎裂；而且刀杆细长，在切削力的影响下，进刀过深，内孔车刀容易弯曲振动，因此内孔车刀的背吃刀量和进给量都应比车外圆时略小。切削用量一般可参照表 3-6 中数据选择。

表 3-6　切削用量的选择

加工阶段	选 择 方 法
粗车	主轴转速:400~500r/min;进给量:0.2~0.3mm/r;背吃刀量:1~3mm
精车	主轴转速:600~800r/min;进给量:0.1mm/r 左右;背吃刀量:0.3mm 左右

2. 车孔

对于初学者来说，车孔要比车外圆技术稍难，车孔技术与车外圆技术基本类似，只是在车孔时进给和退刀方向恰好与车外圆时相反，无论是粗车还是精车，都要进行试切削，确认进退刀方向，避免发生事故。具体操作要领如下：

1）装夹工件、找正并夹紧。

2）钻孔并检验。

3）装夹内孔车刀：刀尖与工件轴线等高或略高，刀杆轴线要与工件轴线平行，同时刀杆不能伸出过长。

4）车孔：车孔的背吃刀量和进给量都比车外圆时略小，进退刀方向与车外圆相反，注意退刀距离，不得与工件碰撞。当纵向进给将要车至不通孔孔深时，应停止自动进给，改用手动进给，匀速车至不通孔底。

5）检验：加工孔件一般用游标卡尺测量，精度要求较高的孔件，应该用内径千分尺或内径百分表测量。

【友情提醒】

1）车削直径较小的台阶孔时，由于观察不到刀尖的位置而导致尺寸精度不易把握，所以一般采用先粗车、精车小孔，再粗车、精车大孔的方法；而车较大的台阶孔时，一般采用先粗车大孔和小孔，再精车小孔和大孔的方法。

2）车孔的关键技术是解决内孔车刀的刚性和排屑问题。增加内孔车刀刚度主要采取以下措施：

①增加刀杆的横截面积：内孔车刀的刀杆横截面积受到孔的直径的限制，一般内孔车刀刀杆的横截面积小于孔横截面积的 1/4，可以让内孔车刀的刀尖位于刀杆的中心线上，这样刀杆的横截面积就可达到最大程度（图 3-23）。

② 刀杆伸出长度要尽量短：如果刀杆伸出太长，就会降低刀杆刚度，容易引起振动。因此，为了增强刀杆刚度，刀杆伸出长度只要略大于孔深即可。

3）粗车孔时，控制深度的办法一般采用在刀杆上划线做记号的办法；精车时需用小滑板刻度盘来控制，并且用深度尺经常测量，否则会因为进刀过深而造成废品（图3-24）。

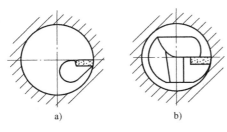

图 3-23　内孔车刀（增加刀杆横截面积）

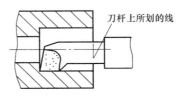

图 3-24　控制深度示意图

4）对于孔径小于 10mm 的孔，在车床上一般钻孔后直接铰孔。

【任务实施】

练一练

根据所学知识，联系生产实际练一练：

1. 正确选择、装夹内孔车刀。
2. 正确车孔，掌握车孔操作要领。
3. 根据任务图样（图3-20），进行车孔综合训练（表3-7）。

表 3-7　车孔加工操作步骤

加工步骤	图示	加工内容
1	$\phi34_{-0.052}^{0}$　33	1. 工件伸出卡爪 35mm 左右，找正并夹紧，车平端面 2. 粗、精加工外圆 ϕ34mm，保证尺寸精度和表面粗糙度值，长度为 33mm 左右
2	$\phi30_{-0.052}^{0}$　$\phi34_{-0.052}^{0}$　25　33	粗、精加工 ϕ30mm × 25mm 外圆，保证尺寸精度和表面粗糙度值，去毛刺

（续）

加工步骤	图示	加工内容
3	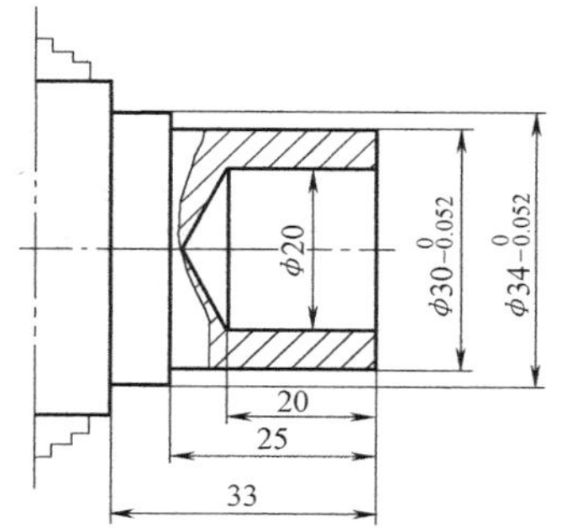	钻孔 $\phi20mm$，长度 $20mm$
4	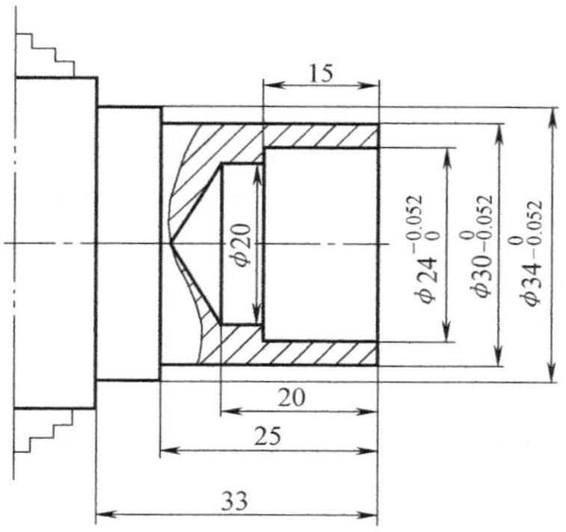	车削 $\phi24mm \times 15mm$ 内孔，保证尺寸精度及表面粗糙度值，倒角
5	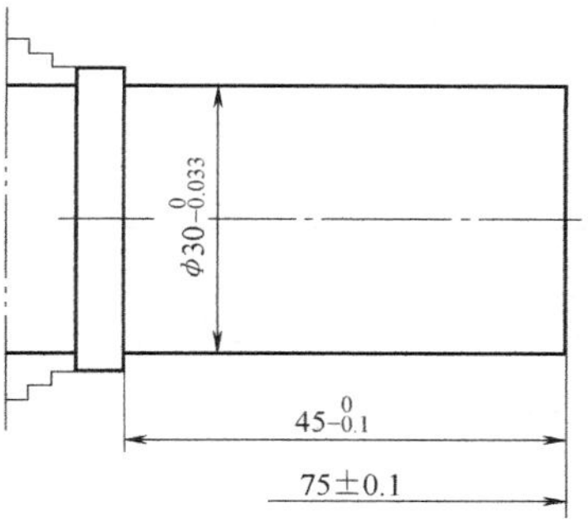	1. 调头夹住 $\phi30mm$ 外圆，找正并夹紧，车端面保证总长 $75mm$ 至尺寸精度要求 2. 粗、精加工 $\phi30mm \times 45mm$ 外圆，保证尺寸精度和表面粗糙度值
6	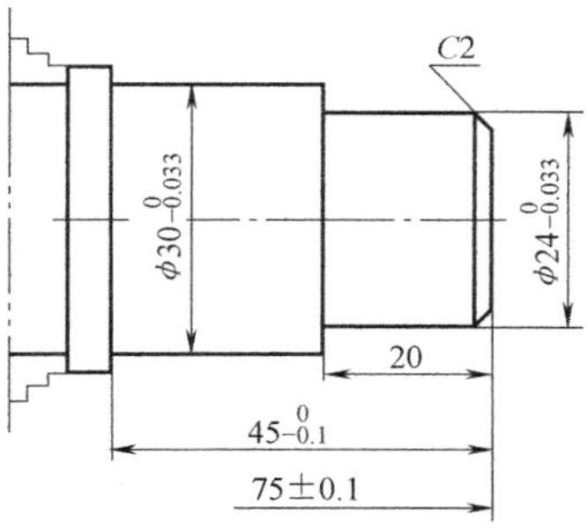	1. 粗、精加工 $\phi24mm \times 20mm$ 外圆，保证尺寸精度和表面粗糙度值 2. 倒角 $C2$，去毛刺

（续）

加工步骤	图示	加工内容
7	 （图示：φ30 0/-0.033，φ24 0/-0.033，C2，5×2，20，45 0/-0.1，75±0.1）	1. 车槽 5mm×2mm，保证槽宽和槽深，保证长度 20mm 至尺寸精度要求 2. 倒角、去毛刺
8	 （图示：φ30 0/-0.033，φ24 0/-0.033，C2，7.5，10×2，5×2，20，45 0/-0.1，75±0.1）	1. 车槽 10mm×2mm，保证槽宽和槽深，保证长度 7.5mm 至尺寸精度要求 2. 倒角、去毛刺，复核工件各尺寸 3. 卸下工件，完成操作

【任务评价】

通过以上学习，根据任务实施过程，将完成任务情况记入表 3-8、表 3-9 中，完成任务评价。

表 3-8　车孔加工任务评价表

任务名称		编号		姓名		日期	
序号	考核内容	考核要求			自评	互评	教师评语
1	知识与技能 （60 分）	1. 正确选择、装夹内孔车刀					
		2. 正确车孔，掌握车孔操作要领					
2	过程与方法 （20 分）	1. 学习态度					
		2. 参与程度					
		3. 过程操作及安全文明生产					
		4. 思维创新					
3	情感态度价值观 （20 分）	1. 学习兴趣					
		2. 乐观、积极向上的工作态度					
		3. 责任与担当					
		4. 人与自然的可持续发展思想					
		合计					

表 3-9 车孔加工考核评价表

工件名称		班级		姓名	
序号	检测项目	配分/分	评分标准	检测结果	得分
1	$\phi30_{-0.033}^{0}$mm/$Ra3.2\mu$m	10/4	每超差0.01mm扣2分,每降一级扣3分		
2	$\phi24_{-0.033}^{0}$mm/$Ra3.2\mu$m	10/4	每超差0.01mm扣2分,每降一级扣3分		
3	$\phi30_{-0.052}^{0}$mm/$Ra3.2\mu$m	10/4	每超差0.01mm扣2分,每降一级扣3分		
4	$\phi34_{-0.052}^{0}$mm/$Ra3.2\mu$m	10/4	每超差0.01mm扣2分,每降一级扣3分		
5	$\phi24_{0}^{+0.052}$mm/$Ra3.2\mu$m	10/4	每超差0.01mm扣2分,每降一级扣3分		
6	(75 ± 0.1)mm	3	超差不得分		
7	$45_{-0.1}^{0}$mm	5	超差不得分		
8	5mm×2mm	2	超差不得分		
9	10mm×2mm	3	超差不得分		
10	7.5mm、15mm、20mm、25mm	5	超差不得分		
11	倒角 C2	2	超差不得分		
12	安全文明生产	10	违反一项不得分		
	总分	100	总得分		

【知识拓展】

一、车内沟槽（图 3-25）

1. 认识内沟槽车刀

内沟槽车刀很像一把反向的切断刀,与切断刀相比,它只是方向相反。内沟槽车刀的刀体不仅要求与刀杆轴线垂直,更要与所加工的孔的轴线垂直。内沟槽车刀分为整体式和装夹式。整体式内沟槽车刀一般用于加工小孔的内沟槽或不通孔的内沟槽,而装夹式内沟槽车刀一般用于加工大直径内孔或通孔的内沟槽（图 3-26）。

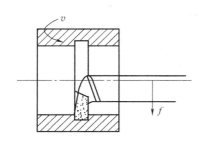

图 3-25 车内沟槽示意图

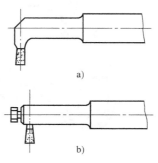

图 3-26 内沟槽车刀

a）整体式内沟槽车刀 b）装夹式内沟槽车刀

2. 车内沟槽

车削较窄的内沟槽，可用主切削刃宽度等于槽宽的内沟槽车刀以直进法一次车出即可。对于精度要求较高或者较宽的内沟槽，可以用直进法先粗车、后精车，分几次车出。粗车时，槽壁和槽底注意留有余量，然后再根据图样要求对槽的宽度和深度进行精车（图3-27）。

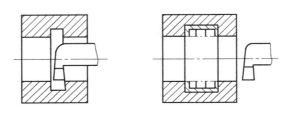

图 3-27　车内沟槽技术

【友情提醒】

1）车内沟槽时一定要记住中滑板刻度盘的读数，以便确定进刀和退刀的位置，必要时做上记号。

2）进刀时进给量不能过大，退刀时一是要注意刀杆与孔壁不能相擦碰，二是要注意一定要使刀的主切削刃完全退出槽后，再摇动大滑板手轮，使刀杆退出孔外。

二、内孔测量工具

测量内孔尺寸时，要根据图样对工件尺寸及精度的要求，使用不同的量具来进行测量。如果孔的精度要求不高，可以使用游标卡尺测量；如果精度要求很高，可用以下方法测量：

1. 用塞规测量

在大批量生产的过程中，为了提高工作效率，节省时间，常使用塞规来测量孔径，如图3-28 所示。

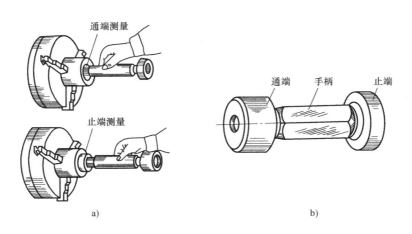

图 3-28　塞规及其使用方法
a）用塞规测量套类零件　b）塞规的结构

塞规是一种定型的测量工具,它由通端、止端和手柄组成。通端的尺寸等于孔的下极限尺寸,止端的尺寸等于孔的上极限尺寸,为了区别两端,通端比止端长。测量时,用手握住手柄,沿孔的轴线方向,将通端塞入孔内,如果通端通过,而止端不能通过,就说明尺寸合格。

使用塞规测量时,一是要注意塞规轴线应与孔的轴线一致,二是不能强行塞入,以免造成塞规拔不出或损坏工件。

2. 用内径百分表测量（图3-29）

内径百分表是一种比较精密的测量工具,常用于测量精度要求高而又较深的孔。测量时,将百分表装夹在测架1上,触头6通过摆动块7和杆3,将测量值1:1传递给百分表。根据孔径的大小,可以选择测头5;为使触头6能准确地处于所测孔的直径位置,在它的旁边设有定心器4。

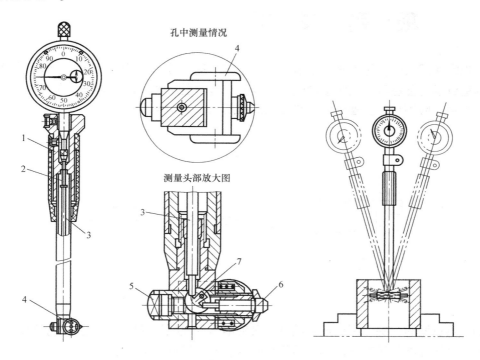

图3-29 内径百分表及测量方法

1—测架 2—弹簧 3—杆 4—定心器 5—测头 6—触头 7—摆动块

测量前,应让百分表对准零位,测量时,活动测量头要在径向方向摆动以便找出最大值,在轴向方向摆动以便找出最小值,两者重合尺寸就是孔径的准确尺寸。

【课后测评】

1. 内孔车刀的选择和装夹要点有哪些?
2. 简述车孔的操作要领。

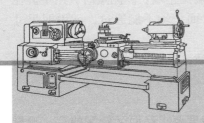

项目四

车削圆锥

项 目 描 述

在机床和工具中，圆锥面配合较广泛。如车床主轴锥孔与顶尖的配合，车床尾座锥孔与麻花钻锥柄的配合等，圆锥配合有配合紧密、传递扭矩大、定心准确、同轴度高、拆装方便等优点，应用较广。图锥体零件应用实例如图4-1所示。

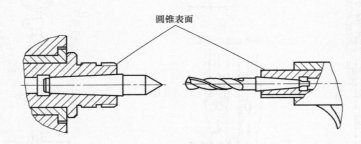

图 4-1　圆锥体零件应用实例

加工圆锥面时，除了保证尺寸精度、形位精度和表面粗糙度外，还有角度和锥度的精度要求。圆锥体的加工方法较多，且各有特点。一般是采用转动小滑板法来加工内外圆锥体，如图4-2所示。

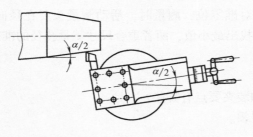

图 4-2　用转动小滑板法车削圆锥体

【学习目标】

1. 掌握圆锥的基本参数及计算。
2. 熟悉相应的圆锥类国家标准。

【任务描述】

圆锥面是车床上除内外圆柱面外最常加工的表面之一，在加工圆锥体之前，首先应了解圆锥的基本参数及相关的国家标准，为学习圆锥加工技术打下理论基础。圆锥样图如图4-3所示。

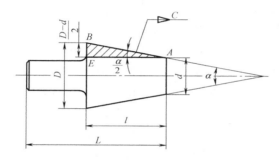

图4-3　圆锥样图

想一想

（1）圆锥的基本参数有哪些?
（2）圆锥的相应国家标准有哪些?

【知识链接】

一、圆锥的基本参数（表4-1）

表4-1　圆锥的各部分名称及代号

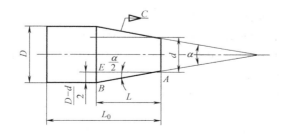

（续）

D	圆锥大端直径	
d	圆锥小端直径	$$\tan\frac{\alpha}{2}=\frac{D-d}{2L}$$
L	圆锥锥体长度	
α	圆锥角	$$C=\frac{D-d}{L}$$
α/2	圆锥半角	
C	锥度:圆锥的大端直径和小端直径之差与圆锥体长度之比	

二、常用锥度 C 与圆锥半角的关系（表4-2）

表4-2　常用锥度 C 与圆锥半角的关系

锥度 C	圆锥角 α	圆锥半角 α/2	应用举例
1:4	14°15′	7°7′30″	车床主轴法兰及轴头
1:5	11°25′16″	5°42′38″	易于拆卸的连接,砂轮主轴与砂轮法兰的接合,锥形摩擦离合器等
1:7	8°10′16″	4°5′8″	管件的开关塞、阀等
1:12	4°46′19″	2°23′9″	部分滚动轴承内环锥孔
1:15	3°49′6″	1°54′23″	主轴与齿轮的配合部分
1:16	3°34′47″	1°47′24″	55°密封管螺纹
1:20	2°51′51″	1°25′56″	米制工具圆锥,锥形主轴颈
1:30	1°54′35″	0°57′17″	装柄的铰刀和扩孔钻与柄的配合
1:50	1°8′45″	0°34′23″	圆锥定位销及锥铰刀
7:24	16°35′39″	8°17′50″	铣床主轴孔及刀杆的锥体
7:64	6°15′38″	3°7′49″	刨齿机工作台的心轴机

三、标准工具圆锥

1. 莫氏圆锥

莫氏圆锥是机械制造业中应用较广泛的一种工具圆锥，如主轴锥孔、钻头、铰刀的柄部等都采用莫氏圆锥，莫氏圆锥尺寸共有 0、1、2、3、4、5、6 号七种，其中 0 号最小，6 号最大。莫氏圆锥号码不同，其尺寸和圆锥角均不相同，见表4-3。

表4-3　莫氏圆锥各部分尺寸

号数	锥度	圆锥角 α	圆锥半角 α/2	$\tan\frac{\alpha}{2}$
0	1:19.212 = 0.05205	2°58′46″	1°29′23″	0.026
1	1:20.048 = 0.04988	2°51′20″	1°25′40″	0.0249
2	1:20.020 = 0.04995	2°51′32″	1°25′46″	0.025
3	1:19.922 = 0.050196	2°52′25″	1°26′12″	0.0251
4	1:19.254 = 0.051938	2°58′24″	1°29′12″	0.026
5	1:19.002 = 0.0526265	3°0′45″	1°30′22″	0.0263
6	1:19.180 = 0.052138	2°59′4″	1°29′32″	0.0261

2. 米制圆锥

常用的米制圆锥有 4、6、80、100、120、160、200 号七种。号码指圆锥大端直径，而锥度固定不变，即 $C = 1:20$。例如，100 号米制圆锥，它的大端直径是 100mm。米制圆锥的优点是锥度不变，记忆方便。

【任务实施】

练一练

根据所学知识，联系生产实际练一练：

1. 了解圆锥应用特点。
2. 掌握圆锥基本参数及计算。
3. 能查阅圆锥国家标准。

【任务评价】

通过以上学习，根据任务实施过程，将完成任务情况记入表4-4中，完成任务评价。

表4-4　认识圆锥任务评价表

任务名称		编号		姓名		日期	
序号	考核内容	考核要求			自评	互评	教师评语
1	知识与技能(60分)	1. 了解圆锥应用特点					
		2. 掌握圆锥基本参数及计算					
		3. 熟悉圆锥国家标准					
2	过程与方法(20分)	1. 学习态度					
		2. 参与程度					
		3. 过程操作					
		4. 思维创新					
3	情感态度价值观 (20分)	1. 学习兴趣					
		2. 乐观、积极向上的工作态度					
		3. 责任与担当					
		4. 人与自然的可持续发展思想					
	合计						

【知识拓展】

圆锥半角的估算

在计算圆锥半角 $\alpha/2$ 时，主要是通过公式 $\tan\dfrac{\alpha}{2} = \dfrac{D-d}{2L}$ 来计算，然后再通过查三角函数表的方式算出 $\alpha/2$，这样计算准确，但有时略显麻烦，尤其在无法查表的情况下更是无从下手。在实际应用中，对于精度要求不高的圆锥体来说，当 $\alpha/2 < 6°$ 时，可用下列近似公式

计算

$$\alpha/2 \approx \frac{28.7° \times (D-d)}{L} \quad \text{或} \quad \alpha/2 \approx 28.7 \times C$$

【友情提醒】

1）近似公式需在圆锥半角 $\alpha/2 < 6°$ 情况下使用，否则误差较大。

2）用此近似公式计算出来的角度单位是度，度以下的小数为十进位，而角度是 60 进位，例如，5.7° 不等于 5°7′，而是要将 0.7° 乘以 60，所以 5.7° 是 5°42′。

【课后测评】

1. 圆锥的应用特点有哪些？

2. 莫氏圆锥的分类有什么特点？

3. 已知一圆锥体工件，锥度 $C = 1:5$，圆锥大端直径 $D = 40mm$，圆锥锥体长度 $L = 30mm$，求小端直径 d 和圆锥半角 $\alpha/2$。

任务二　　车削圆锥

【学习目标】

1. 了解圆锥加工的几种方法及应用特点。

2. 能独立完成一般圆锥加工任务。

3. 安全文明生产。

【任务描述】

圆锥零件图及三维图如图 4-4 所示。

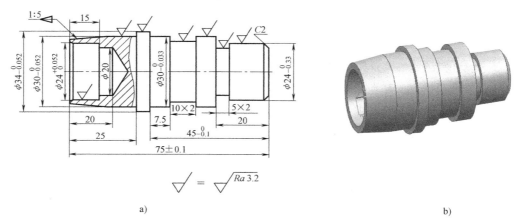

a)　　　　　　　　　　　　　　　　　　　　b)

图 4-4　圆锥零件图及三维图

a）零件图　b）三维图

圆锥加工是车工技术里面的一个专项技能，它为我们综合学习车工技术和技能提供知识与技能储备。

想一想

（1）圆锥加工方法有哪些？各有哪些特点？

（2）圆锥加工的操作要领是什么？

【知识链接】

圆锥加工用刀具可以采用前面所讲车削台阶用刀具，在此省略讲解。

一、圆锥加工方法

加工圆锥的方法有几种，在一般情况下，圆锥加工主要是采用转动小滑板法来加工，如图 4-2 所示。

转动小滑板法是把小滑板按照工件的要求转过一个圆锥半角，采取用小滑板进给的方式，使车刀的运动轨迹与所要车削的圆锥素线平行即可。其特点如下：

1）角度调整范围大，可以车削各种角度的内外圆锥。

2）操作简便，能保证一定的车削精度。

3）由于小滑板只能手动进给，故劳动强度大，表面质量也较难控制，而且受小滑板的行程限制，只能车削锥面长度较短的圆锥。它适用于加工圆锥半角较大且锥面不长的内外圆锥体工件。

二、外圆锥加工操作要领（表 4-5）

表 4-5　外圆锥加工操作要领

加工步骤	加工内容
1. 车圆柱体	按工件图样车出圆锥大端直径和锥体部分的长度
2. 装夹车圆锥刀具	刀具刀尖严格对准工件中心，否则出现双曲线误差
3. 准备工作	（1）调整小滑板导轨间隙　对小滑板导轨进行清洗、修整、润滑，使其进退松紧合适，进退自如 
	（2）转动小滑板　用扳手将转盘螺母松开，把转盘按照圆锥素线方向转动至所需要的圆锥半角 $\alpha/2$ 的刻度线上 

（续）

加工步骤	加工内容
3. 准备工作	（3）确定小滑板行程　小滑板工作行程需大于圆锥加工长度，将小滑板后退，然后试移动一次，确定工作行程是否足够 
4. 粗车圆锥体	（1）移动中、小滑板，使刀尖与工件轴端轻轻接触，中滑板刻度置零位，床鞍位置不动，作为粗车的起始位置。小滑板后退 3～6mm
	（2）中滑板按刻度进给，调整背吃刀量后开动机床，双手交替均匀转动小滑板手轮，加工结束后记下中滑板刻度，中滑板退刀，小滑板快退至原位
	（3）在中滑板原刻度的基础上调整背吃刀量，粗车至圆锥小径，直径留精车余量 0.5～1mm
	（4）检查圆锥角度 $\alpha/2$　用圆锥量规或游标万能角度尺检查，检查时用套规轻轻套在工件圆锥上，套规在圆锥左右两端分别上下摆动，如发现圆锥大端有间隙，说明工件圆锥角太小；如圆锥小端有间隙，说明工件圆锥角太大
5. 校正圆锥半角	（1）松开小滑板转盘螺母，不要松得太多，以防角度发生变化
	（2）用右手按角度调整方向轻轻敲动小滑板，微量调整角度，使角度朝着正确的方向做极微小的转动，再紧小滑板转盘螺母
	（3）进行试切削对刀，一般选择在圆锥的中间位置，方法是：移动中、小滑板，使刀尖处在圆锥长度的中间，并与圆锥表面轻轻接触。记下中滑板刻度后横向退出，小滑板退至圆锥小端面外，中滑板刻度进至刚记下的刻度值。双手缓慢均匀地转动小滑板手柄做全程车削，当再次用套规或游标万能角度尺检查时，套规左右两端都不摆动时，说明圆锥角度基本正确
6. 精车圆锥体	可通过提高车床主轴转速，双手缓慢均匀地转动小滑板手柄来精车
7. 检验	用上述检验方法对圆锥进行检测，加工结束

三、圆锥的检验

1. 圆锥角度的检验

（1）用游标万能角度尺检验（图 4-5）　对于精度不高的圆锥表面，可以采用游标万能角度尺检查，根据工件角度调整游标万能角度尺的安装位置，游标万能角度尺的基尺与工件端面绕中心线靠平，直尺与工件斜面接触，利用透光法检查，人的视线与检测线尽量等高，若合格即为一条均匀的白色光线。当检测线从小端到大端逐渐增宽，即锥度小，反之则锥度大，需要反复多次校准小滑板的转动角度。

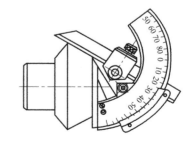

图 4-5　用游标万能角度尺测量圆锥体

（2）用圆锥量规检验　测量精度较高的圆锥工件时，可使用圆锥量规。圆锥量规分为圆锥套规和圆锥塞规两种，如图 4-6 所示。

测量外圆锥时，在工件圆锥表面上顺着三爪的位置等分而均匀地涂上三条显示剂（印油或红丹粉），把套规套在工件圆锥上，稍加轴向推力，并将套规转动范围控制在半圈之内，然后取下套规，检查工件锥面上显示剂擦去的情况，如果三条显示剂全长上擦去较均

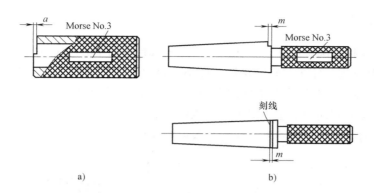

图 4-6　圆锥量规

a）圆锥套规　b）圆锥塞规

匀，说明圆锥接触良好，锥度正确。若显示剂在圆锥大端被擦去，小端未被擦去，表明圆锥半角大了；反之，说明圆锥半角小了。根据显示剂擦去情况继续进行角度调整。

测量内圆锥与上述方法相同，但是显示剂应涂在圆锥塞规上。

2. 圆锥尺寸的检验

圆锥的尺寸一般用圆锥量规检验，圆锥量规除了有一个精确的锥形表面外，在端面上有一个台阶或具有两条刻线，台阶或刻线之间的距离就是圆锥大小端直径的公差范围。

应用圆锥套规检验外圆锥时，圆锥小端端面在台阶外面或里面都不合格，小端端面在台阶之间才算合格，如图 4-7 所示。

应用圆锥塞规检验内圆锥时，如果两条刻线都进入工件孔内，则说明内圆锥孔太大；如果两条刻线都未进入，则说明内圆锥孔太小；只有第一条刻线进入，第二条刻线未进入，内圆锥大端直径尺寸才算合格，如图 4-8 所示。

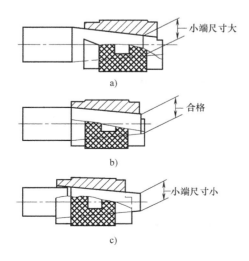

图 4-7　用套规测量外圆锥的几种情况

a）尺寸大　b）合格　c）尺寸小

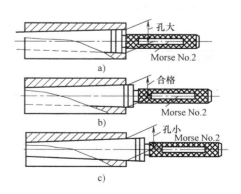

图 4-8　用塞规测量内圆锥的几种情况

a）孔大　b）合格　c）孔小

【友情提醒】

当用圆锥量规检验圆锥尺寸时，如果界限刻线或台阶面中心和工件端面还相差一个长度 a，这时取下圆锥量规，使车刀轻轻接触工件小端表面上（图4-9a）或工件大端表面上（图4-9b），移动小滑板，使车刀离开工件端面一个 a 的距离，然后移动床鞍使车刀与工件端面接触。这时虽然没有移动中滑板，但由于小滑板是沿着圆锥素线移动了一段距离，所以车刀已切入一个需要的深度。车削圆锥方法与检验如图4-9所示。

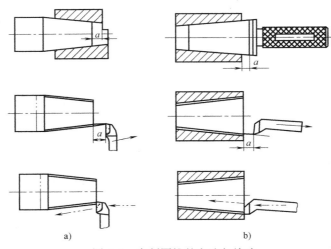

a)   b)

图4-9　车削圆锥的方法与检验

【任务实施】

练一练

根据所学知识，联系生产实际练一练：

1. 了解转动小滑板法车削圆锥的方法和特点。
2. 正确规范车削圆锥（表4-6）。
3. 安全文明生产。

表4-6　车削圆锥操作要领

加工步骤	图示	加工内容
1	$\phi34.5$　33	1. 找正、装夹工件，车平端面 2. 粗加工 $\phi35$mm 外圆至 $\phi34.5$mm，长度车至33mm 左右

（续）

加工步骤	图示	加工内容
2		1. 调头找正装夹,车端面,保证总长尺寸为75mm 2. 粗、精加工外圆 ϕ30mm×45mm,保证尺寸精度和表面粗糙度值
3		1. 粗、精加工 ϕ24mm×20mm 外圆,保证尺寸精度和表面粗糙度值 2. 倒角 $C2$,去毛刺
4		1. 车槽5mm×2mm,保证槽宽和槽深,保证长度20mm至尺寸精度要求 2. 倒角、去毛刺
5		1. 车槽10mm×2mm,保证槽宽和槽深,保证长度7.5mm至尺寸精度要求 2. 倒角、去毛刺

（续）

加工步骤	图示	加工内容
6		1. 调头找正装夹 2. 粗、精加工 $\phi34$mm 外圆至尺寸精度要求和表面粗糙度值 3. 粗、精加工 $\phi30$mm×25mm 外圆，保证尺寸精度和表面粗糙度值，去毛刺
7		钻孔 $\phi20$mm×20mm
8		车孔 $\phi24$mm×15mm，保证尺寸精度和表面粗糙度值
9		粗、精加工圆锥至尺寸精度和表面粗糙度值

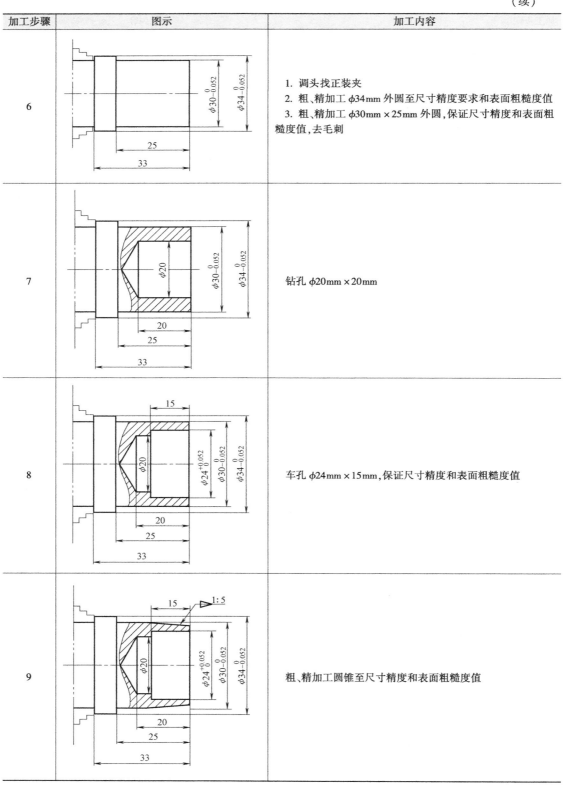

【任务评价】

通过以上学习，根据任务实施过程，将完成任务情况记入表4-7、表4-8中，完成任务评价。

表4-7　车削圆锥任务评价表

任务名称		编号		姓名		日期	
序号	考核内容	考核要求		自评	互评		教师评语
1	知识与技能(60分)	1. 了解圆锥加工的几种方法及应用特点					
		2. 能利用转动小滑板去加工一般圆锥工件					
		3. 掌握圆锥检验的方法					
2	过程与方法(20分)	1. 学习态度					
		2. 参与程度					
		3. 过程操作及安全文明生产					
		4. 思维创新					
3	情感态度价值观(20分)	1. 学习兴趣					
		2. 乐观、积极向上的工作态度					
		3. 责任与担当					
		4. 人与自然的可持续发展思想					
合计							

表4-8　车削圆锥考核评价表

工件名称		班级		姓名	
序号	检测项目	配分/分	评分标准	检测结果	得分
1	$\phi 30_{-0.033}^{0}\,mm/Ra3.2\mu m$	8/4	每超差0.01mm扣2分,每降一级扣3分		
2	$\phi 24_{-0.033}^{0}\,mm/Ra3.2\mu m$	8/4	每超差0.01mm扣2分,每降一级扣3分		
3	$\phi 30_{-0.052}^{0}\,mm/Ra3.2\mu m$	8/4	每超差0.01mm扣2分,每降一级扣3分		
4	$\phi 34_{-0.052}^{0}\,mm/Ra3.2\mu m$	8/4	每超差0.01mm扣2分,每降一级扣3分		
5	$\phi 24_{0}^{+0.052}\,mm/Ra3.2\mu m$	8/4	每超差0.01mm扣2分,每降一级扣3分		
6	锥度1:5	10	超差不得分		
7	$(75\pm0.1)\,mm$	3	超差不得分		
8	$45_{-0.1}^{0}\,mm$	5	超差不得分		
9	$5mm\times2mm$	2	超差不得分		
10	$10mm\times2mm$	3	超差不得分		
11	7.5mm、15mm、20mm、25mm	5	超差不得分		
12	倒角C2	2	超差不得分		
13	安全文明生产	10	违反一项不得分		
总分		100	总得分		

【知识拓展】

一、车内圆锥

车圆锥孔比车圆锥体困难，因为车削工作在孔内进行，不易观察，所以要特别小心。为了便于测量，装夹工件时应使锥孔大端直径的位置在外端。车削内圆锥的方法主要是采用转动小滑板法。

车内圆锥操作要领：

1）先用直径小于锥孔小端直径 1～2mm 的钻头钻孔（或车孔）。

2）转动小滑板角度的方法与车外圆锥相同，但方向相反。应顺时针方向转过圆锥半角，进行车削。当锥形塞规能塞进孔约 1/2 长时用涂色法检查，找正锥度后进行精加工。

3）针对内外圆锥配合件的加工，在实际生产中，可以采用反装刀法和主轴反转法车圆锥孔。一般先把外圆锥车好，然后不要变动小滑板角度，反装车刀（主轴正转）或用左内孔车刀（主轴反转）进行内圆锥加工，如图 4-10 所示。

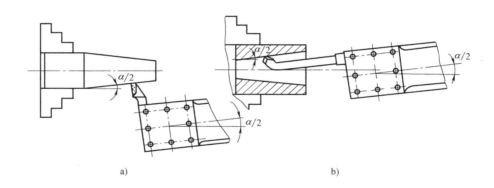

a)   b)

图 4-10　车内外圆锥面的方法

二、其他圆锥加工方法

1. 偏移尾座法车削圆锥

工件采用两顶尖装夹，把尾座横向偏移一段距离，使工件的回转轴线与车床主轴轴线相交成一个圆锥半角。因刀具是沿平行于主轴轴线的方向进给切削的，工件就车成了一个圆锥体，如图 4-11 所示。其特点如下：

1）可以采用纵向机动进给，圆锥的表面质量较容易控制。

2）顶尖在中心孔中是歪斜的，因而接触不良，顶尖和中心孔磨损不均匀，影响工件的加工质量，可采用球头顶尖或 R 型中心孔。

3）能车削较长的圆锥，不能加工整锥体或内圆锥。

4）因受尾座偏移量的限制，不能车削锥度较大的圆锥。适用于加工锥度小、精度不高、锥体较长的外圆锥工件。

尾座偏移量的计算公式为

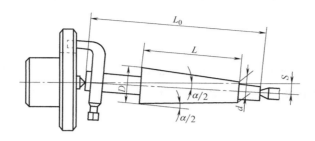

图 4-11　偏移尾座法车削圆锥

$$S = \frac{D-d}{2L}L_0 = \frac{C}{2}L_0$$

式中　　S——尾座偏移量（mm）；

D——圆锥大径（mm）；

d——圆锥小径（mm）；

L——工件圆锥部分长度（mm）；

L_0——工件总长（mm）；

C——圆锥锥度。

2. 仿形法（靠模法）

仿形法指刀具按仿形装置进给对工件进行车削加工的方法，如图 4-12 所示。其特点如下：

1）调整锥度准确、方便、生产率高，因而适合于车削长度较长、精度要求较高和生产批量较大的内、外圆锥工件。

2）中心孔接触良好，又能自动进给，因此圆锥表面质量较好。

3）靠模装置角度调整范围较小，一般适用于车削圆锥半角 $\frac{\alpha}{2} \leqslant 12°$ 的工件。

3. 宽刃刀车削法

宽刃刀车削法就是用成形刀具（与工件加工表面形状相同的车刀）对工件进行加工。但切削刃必须平直，装夹后应保证刀具切削刃与车床主轴轴线的夹角等于工件的圆锥半角。

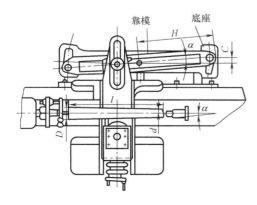

图 4-12　仿形法车削圆锥

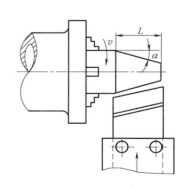

图 4-13　宽刃刀车削圆锥

使用此方法时，要求车床具有良好的刚性，否则易引起振动。它主要适用于车削较短的外圆锥，如图 4-13 所示。

【课后测评】

1. 车圆锥的方法有哪些？各自特点有哪些？
2. 简述转动小滑板法车削圆锥的操作要领。

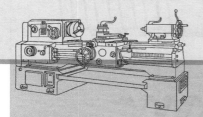

项目五

车削三角形螺纹

图 5-1 紧固螺纹

图 5-2 传动螺纹

项 目 描 述

在机械制造工业中，螺纹是零件上常见的表面之一，螺纹的应用非常广泛。

一、螺纹种类

1. 按用途分

（1）紧固螺纹 紧固螺纹主要用于零件间的固定联接，常用的有普通螺纹和管螺纹等，其牙型多为三角形，如图 5-1 所示。

（2）传动螺纹 传动螺纹主要用于传递动力、运动或位移，如丝杠和测微螺杆的螺纹等，其牙型多为梯形或锯齿形，如图 5-2 所示。

2. 按旋向分

螺纹有右旋和左旋之分。顺时针方向旋转时旋入的螺纹，称为右旋螺纹；逆时针方向旋转时旋入的螺纹，称为左旋螺纹，如图 5-3 所示。工程上常用右旋螺纹。

3. 按螺纹线数分

螺纹有单线和多线之分。沿一根螺旋线形成的螺纹称为单线螺纹；沿两根以上螺旋线形成的螺纹称为多线螺纹，如图 5-4 所示，联接螺纹大多为单线螺纹。

右旋　　　　　　　　　　　左旋

图5-3　螺纹按旋向分类

单线　　　　　　　　　多线

图5-4　螺纹按线数分类

4. 按牙型分（图5-5）

二、螺纹的技术要求

螺纹也和其他类型的表面一样，有一定的尺寸精度、形位精度和表面质量的要求。一般有螺距、牙型角、螺纹中径、外螺纹大径、内螺纹小径等精度要求以及螺纹表面的表面粗糙度要求。螺纹类别、标准、牙型及特征代号见表5-1。

三、车削螺纹

螺纹加工就是利用车床、车刀与工件之间的相对运动完成螺纹螺旋线的加工，保证螺纹的各项技术要求，如图5-6所示。

图5-5　螺纹按牙型分类
a）普通螺纹　b）梯形螺纹　c）锯齿形螺纹

表5-1　螺纹类别、标准、牙型及特征代号

螺纹类别		标准代号	牙型示意图	特征代号
联接螺纹	普通螺纹	GB/T 197—2003		M
	55°非密封管螺纹	GB/T 7307—2001		G
	55°密封管螺纹 圆锥外螺纹	GB/T 7306.2—2000		R
	圆锥内螺纹			Rc

（续）

螺纹类别		标准代号	牙型示意图	特征代号
传动螺纹	梯形螺纹	GB/T 5796.4—2005	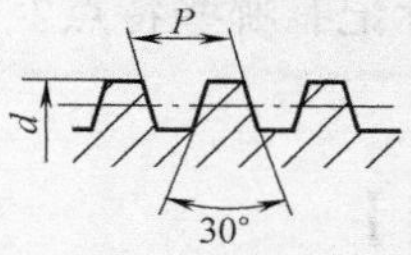	Tr
	锯齿形螺纹	GB/T 13576.1~4—2008	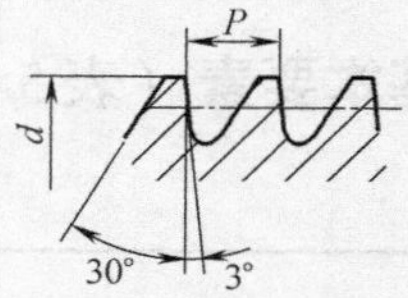	B

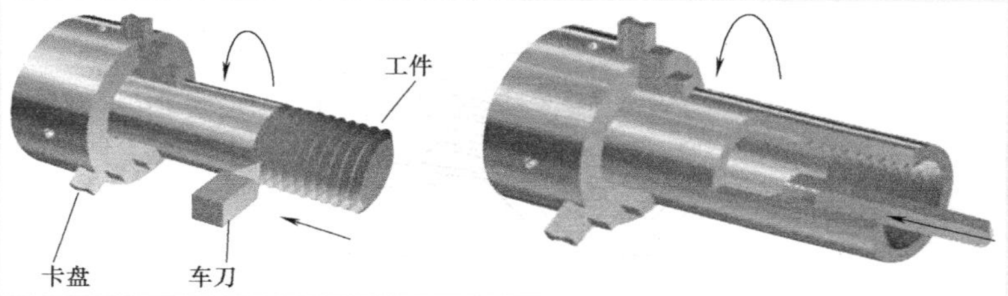

图5-6　车削内外螺纹实图

任务一　认识螺纹

【学习目标】

1. 熟悉螺纹的基本要素。
2. 掌握螺纹的标记。
3. 查阅并熟悉普通螺纹尺寸计算方法。

【任务描述】

螺纹是车床上最常加工的表面之一，在加工螺纹之前，首先应了解内外螺纹的基本参数及相关的国家标准，为学习螺纹加工技术打下理论基础。螺纹图样如图5-7所示。

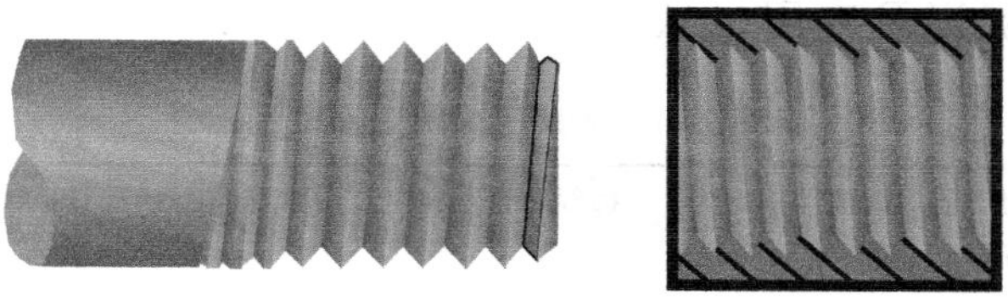

a)　　　　　　　　　　　　　　b)

图5-7　螺纹样图

a）外螺纹　b）内螺纹

> **想一想**
> （1）螺纹的基本要素有哪些？
> （2）螺纹标记有哪些特点？

【知识链接】

一、螺纹基本要素（表5-2）

表5-2　螺纹基本要素

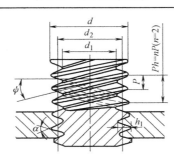

基本要素	定义	
牙型角（α）	在螺纹牙型上，相邻两牙侧间的夹角	
牙型高度（h_1）	在螺纹牙型上，牙顶到牙底之间，垂直于螺纹轴线方向的距离	
螺距（P）	相邻两牙在中径线上对应两点间的轴向距离	
导程（Ph）	同一条螺旋线上，相邻两牙在中径线上对应两点间的轴向距离	
螺纹直径	大径（d、D）	与外螺纹牙顶或内螺纹牙底相切的假想圆柱的直径。一般用螺纹大径的公称尺寸表示螺纹的公称直径
	小径（d_1、D_1）	与外螺纹牙底或内螺纹牙顶相切的假想圆柱的直径
	中径（d_2、D_2）	一个假想圆柱（中径圆柱）的直径，该圆柱的素线通过牙型上沟槽和凸起宽度相等的地方
螺纹升角（ψ）	螺纹升角是在中径圆柱上螺旋线的切线与垂直于螺纹轴线的平面之间的夹角。其计算公式为$$\tan\psi = nP/\pi d_2$$式中　ψ——螺纹升角（°）　　　P——螺距（mm）　　　d_2——中径（mm）　　　n——螺纹线数	

二、螺纹代号标记及应用（表5-3）

表5-3　螺纹代号标记及应用

螺纹标记	螺纹代号的标注格式为：　螺纹特征代号 公称直径 × Ph导程（P螺距）-公差带代号-旋合长度代号-旋向代号	
	普通螺纹的特征代号为M，有粗牙和细牙之分，粗牙螺纹的螺距可省略不注；中径和顶径的公差带代号相同时，只标注一次；旋合长度为中等（N）时不注，长型用L表示，短型用S表示；右旋螺纹可不标注旋向代号，左旋螺纹旋向代号为LH	
	M24×1.5-5g6g	Tr36×12（P6）-7H

（续）

螺纹标记	M:细牙普通螺纹	Tr:梯形螺纹
	24:公称直径	36:公称直径
	1.5:螺距	12:导程
	5g:中径公差带代号	P6:螺距为6mm
	6g:顶径公差带代号	7H:中径、顶径公差带代号
	中等旋合长度、右旋、单线三角形螺纹	中等旋合长度、右旋、双线梯形螺纹

三、普通螺纹尺寸计算

普通螺纹是我国应用最广泛的一种三角形螺纹，牙型角为60°，它分粗牙普通螺纹和细牙普通螺纹。粗牙普通螺纹代号标记用字母"M"及公称直径表示，如 M16、M24 等。生产中常采用 M6 ~ M24 粗牙普通螺纹。细牙普通螺纹与粗牙普通螺纹的不同点是当公称直径相同时，螺距和螺纹升角较小，自锁性能较好，零件强度削弱少，但容易滑扣。

普通螺纹的公称尺寸（图 5-8）可查阅相关手册，计算如下：

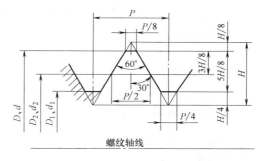

图 5-8　普通螺纹的公称尺寸

（1）螺纹的公称直径　它指大径的公称尺寸，即 $d = D =$ 公称直径。

（2）中径（d_2，D_2）　$d_2（D_2） = d(D) - 0.6495P$。

（3）原始三角形高度（H）　$H = P/2\cot(\alpha/2)$。

（4）螺纹小径（d_1，D_1）　$d_1(D_1) = d(D) - 1.0825P$。

（5）牙型高度（h_1）　$h_1 = H - H/8 - H/4 = \dfrac{5}{8}H = 0.5413P$。

【任务实施】

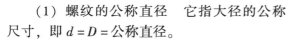

练一练

根据所学知识，联系生产实际练一练：

1. 熟悉螺纹的基本要素。

2. 掌握螺纹的标记。

3. 查阅并熟悉普通螺纹尺寸计算方法。

【任务评价】

通过以上学习，根据任务实施过程，将完成任务情况记入表 5-4 中，完成任务评价。

表5-4　认识螺纹任务评价表

任务名称		编号		姓名		日期	
序号	考核内容	考核要求		自评	互评	教师评语	
1	知识与技能(60分)	1. 熟悉螺纹的基本要素					
		2. 掌握并理解螺纹的标记					
		3. 能查表并计算普通螺纹各部分尺寸					
2	过程与方法(20分)	1. 学习态度					
		2. 参与程度					
		3. 过程操作					
		4. 思维创新					
3	情感态度价值观(20分)	1. 学习兴趣					
		2. 乐观、积极向上的工作态度					
		3. 责任与担当					
		4. 人与自然的可持续发展思想					
	合计						

【知识拓展】

一、寸制螺纹（图5-9）

寸制螺纹在我国应用较少，只有在进口设备中和维修旧设备时应用，它的牙型角为55°，公称直径指螺纹的大径，用英寸（in）表示。螺距用1in长度内的牙数（n）换算，即

$$P = \frac{1\text{in}}{n} = \frac{25.4}{n}\text{mm}$$

寸制螺纹各公称尺寸及每英寸内的牙数可查阅车工计算手册。

图5-9　寸制螺纹

二、梯形螺纹（图5-10）

梯形螺纹的牙型为等腰梯形，牙型角为30°。在实际应用中，内外梯形螺纹以锥面贴紧不易松动。其传动效率略低，但工艺性好，牙根强度高，对中性好。梯形螺纹是最常用的传动螺纹，常用于丝杠、刀架丝杠等。

三、锯齿形螺纹（图5-11）

锯齿形螺纹的牙型为不等腰梯形，工作面的牙侧角为3°，非工作面牙侧角为30°，牙型角为33°。锯齿形外螺纹牙根处有较大的圆角，以减小应力集中。内外螺纹旋合后，螺纹大径无间隙便于对中。兼有矩形螺纹传动效率高和梯形螺纹牙根强度高的特点，主要用于单向受力的传动螺纹，如螺旋压力机、起重机的吊钩等。

图 5-10 梯形螺纹

图 5-11 锯齿形螺纹

【课后测评】

1. 螺纹的基本要素有哪些？

2. 普通螺纹中径、牙型高度（h_1）、螺纹小径的计算公式是什么？

3. 识读螺纹 M20×1.5-6H7H-LH、Tr40×18（P6)-7H 的含义。

任务二 车削三角形外螺纹

【学习目标】

1. 能正确选择、装夹外螺纹车刀。

2. 能做好车外螺纹前准备工作。

3. 能车削一般三角形外螺纹。

4. 安全文明生产。

【任务描述】

外螺纹零件图及三维图如图 5-12 所示。

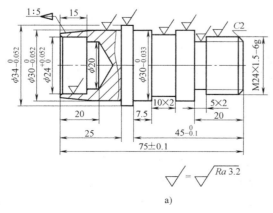

a)

b)

图 5-12 外螺纹零件图及三维图

a) 零件图 b) 三维图

螺纹加工是车工技术里面的专项技能之一，它是我们对前面所学习知识的深化与综合，也是目前学习的最后一项操作技能。

想一想

（1）三角形外螺纹加工刀具的特点是什么？

（2）三角形外螺纹加工的操作规程有哪些？

【知识链接】

一、选择、装夹螺纹刀具

三角形外螺纹车刀如图 5-13 所示。要车好三角形螺纹，必须正确选择螺纹车刀，螺纹车刀按加工性质属于成形刀具，其切削部分的形状应当和螺纹特征的轴向剖面形状相符合，即车刀的刀尖角应该等于牙型角。

1. 选择三角形外螺纹车刀

1）刀尖角应该等于牙型角，普通螺纹牙型角为 60°。

2）粗车刀前角一般为 0°~10°。由于螺纹车刀的径向前角对牙型角有很大影响，所以精车时或车精度要求高的螺纹时，径向前角取得小一些，为 0°~5°。

3）后角一般为 3°~5°。因受螺纹升角的影响，进刀方向一面的后角应磨得稍大一些。

4）车刀的左右切削刃必须平直，无崩刃现象。

5）刀头不歪斜，牙型半角相等。

2. 刀尖角的检查

由于螺纹车刀刀尖角要求较高，为了保证准确的刀尖角，可用角度样板测量，测量时把刀尖角与角度样板贴合，对准光源，仔细观察两边贴合的间隙，并进行修磨，如图 5-14 所示。

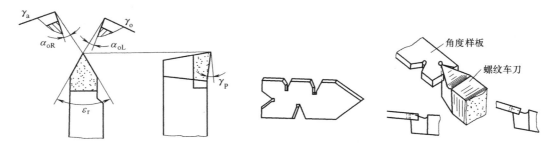

图 5-13　三角形螺纹车刀　　　　　图 5-14　用角度样板测量刀尖角示意图

3. 螺纹车刀的装夹

1）刀具的刀尖应与工件中心等高，装高或装低都将导致切削难以进行。

2）车刀对中后应保证刀尖角的中心线垂直于工件轴线，否则会使螺纹的牙型半角（$\alpha/2$）不等，造成截形误差。装刀时可用角度样板来对刀，对刀方法如图 5-15 所示。如车刀歪斜，应轻轻松开车刀紧定螺钉，转动刀杆，使刀尖对准角度样板，符合要求后再将车刀紧固，一般需复查一次。

3）刀头伸出不要过长，一般为 20 ~ 25mm（约为刀杆厚度的 1.5 倍）。

二、准备工作

1. 调整车床

（1）变换手柄位置 一般按工件螺距在进给箱铭牌上找到交换齿轮的齿数和进给箱外手柄位置，并把手柄拨到所需的位置上。

图 5-15 对刀示意图

（2）调整滑板间隙 调整中、小滑板镶条时，不能太紧，也不能太松。若太紧，摇动滑板费力，操作不灵活；若太松，车螺纹时容易产生"扎刀"。可顺时针方向旋转小滑板手柄，消除小滑板丝杠与螺母之间的间隙。

2. 动作练习

车螺纹时的进退刀动作要协调、敏捷。操作方法有两种。

（1）开合螺母法 只能在车床丝杠螺距与工件螺距成整倍数工况下使用，否则会使螺纹产生乱扣现象。操作方法如下：起动车床，移动床鞍，使刀尖距离工件螺纹轴端 5 ~ 10mm，中滑板进刀后右手合上开合螺母。开合螺母一旦合上后，床鞍就迅速向左或向右移动，此时右手仍需握住开合螺母手柄，当刀尖车至退刀位置时，左手迅速退出车刀，同时，右手立即提起开合螺母使床鞍停止移动，移动床鞍至起点，调整切削深度，多次重复上述动作，完成螺纹加工，如图 5-16 所示。

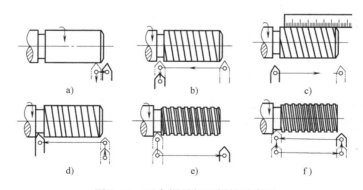

图 5-16 开合螺母加工螺纹示意图

（2）倒顺车法 当丝杠螺距与工件螺距不成整倍数时，必须采用倒顺车进给法（表5-5）。

表 5-5 倒顺车法螺纹加工示意

操作说明	示意图
1. 起动车床,使车刀与工件轻微接触,记下刻度盘读数,向右退刀,停车 2. 选用合适的切削速度,合上开合螺母,在工件表面车出一条螺旋线,车刀刀尖离退刀位置2 ~ 3mm时,做退刀准备,当车刀进入退刀位置时,车刀横向退刀并停车	

（续）

操作说明	示意图
3. 车床反转,车刀退至工件右端,停车。检测螺距是否正确 4. 利用中滑板刻度盘调整切削深度。起动车床,切削开始,加注切削液	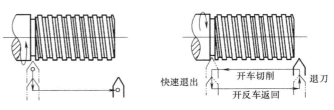
5. 根据加工余量控制切削深度,在做退刀操作时,必须精力集中,眼看刀尖,动作果断,先退刀后停车最后主轴反转,车刀退回起始位置 6. 多次横向进给,重复切削过程,直至加工结束	

3. 粗、精车外圆及长度并倒角

1）按螺纹规格车螺纹外圆及长度,并按要求车螺纹退刀槽;对无退刀槽的螺纹,应划出螺纹长度终止线;螺纹大径一般应比其公称尺寸小 0.2～0.3mm（约为 0.1P）。保证车好螺纹后牙顶处有 0.125P 的宽度。

2）在车螺纹前一般先用车刀在工件上倒角至略小于螺纹小径。

3）调整主轴转速,选取合适的切削速度 v_c,一般粗车时取 0.3m/s 左右,精车时取 0.1m/s。

4）车螺纹时,切削深度应该就是牙型高度（$h_1 = 0.5413P$）,但在实际加工中,切削深度采用 $h_1 = 0.6495P$。因为牙底形状应该是削平的梯形,而螺纹车刀前端是刀尖圆弧,在加工时刀具一定要向下切,因此切削深度稍微增大。

三、车削三角形螺纹

1. 粗加工

1）起动车床,摇动中滑板手柄,使螺纹车刀刀尖轻轻与工件接触,以确定背吃刀量的起始位置,再将中滑板刻度调整至零位,在刻度盘上做好螺纹总背吃刀量调整范围的记号。

2）起动车床（选用低速）,合上开合螺母,用车刀刀尖在外径上轻轻车出一道螺旋线,然后用钢直尺或游标卡尺检查螺距是否正确。测量时,为减少误差,应多量几牙,如检查螺距为 1.5mm 的螺纹,可测量 10 牙,即为 15mm（图 5-17）;也可用螺距规检查螺距（图 5-18）。若螺距不正确,则应根据进给标牌检查交换齿轮及进给手柄位置是否正确。

3）合理分配背吃刀量,正确选择进刀方法。车螺纹的进刀方法有三种:直进法、斜进法、左右借刀法。

① 直进法（图 5-19a）。

图 5-17　用游标卡尺
检查螺距方法

a. 进刀方法。进刀时，利用中滑板做横向垂直进给，在几次进给中将螺纹的牙槽余量切去。其特点是：可得到较正确的截形，但车刀的左右侧刃同时切削，不便排屑，螺纹不易车光，当背吃刀量较大时，容易产生扎刀现象，一般适用于精车螺距小于 2mm 的螺纹。

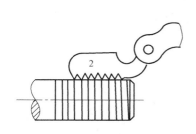

图 5-18　用螺距规检查螺距方法

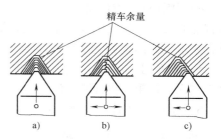

图 5-19　车螺纹的进刀方法

a）直进法　b）左右切削法　c）斜进法

　　b. 背吃刀量的分配。根据车螺纹总的背吃刀量 a_p，第一次背吃刀量 $a_{p1} \approx a_p/4$，第二次背吃刀量 $a_{p2} \approx a_p/5$，以后逐渐递减，最后留 0.2mm 余量以便精加工。

　　② 左右借刀法（图 5-19b）。在每次进给加工时，除了中滑板做横向进给外，同时小滑板配合中滑板做左或右方向的微量进给，这样多次进刀，可将螺纹的牙槽车出，小滑板每次的进给量不宜过大。

　　③ 斜进法（图 5-19c）。加工时，每次进刀除中滑板做横向进给外，小滑板向同一方向做微量进给，多次进刀将螺纹的牙槽全部车去。车削时，第一、二次进给可用直进法车削，以后用小滑板配合进刀。其特点是：单刃切削，排屑方便，可采用较大的背吃刀量。适用于较大螺距螺纹的粗加工。

　　4）车削过程的对刀。车螺纹过程中，刀具磨损或折断后，需拆下修磨或换刀重新装刀车削时，出现刀具位置不在原螺纹牙槽中的情况，如继续车削会乱扣。这时，需将刀尖调整到原来的牙槽中方能继续车削，这一过程称为对刀。对刀方法如下：主轴慢速正转，并合上开合螺母，转动中滑板手柄，待车刀接近螺纹表面时慢慢停车，主轴不可反转，待机床停稳后，移动中、小滑板，目测将车刀刀尖移至牙槽中间，然后记下中、小滑板刻度后退出，调整好车刀背吃刀量的起始位置即可，如图 5-20 所示。

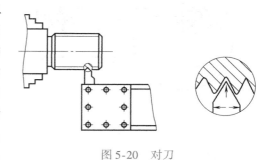

图 5-20　对刀

2. 精加工

　　精加工小螺距（$P < 3mm$）螺纹时，可以不更换刀具，操作过程与粗加工类似。为提高螺纹表面质量，可降低切削速度，调整背吃刀量。

　　精加工大螺距螺纹时，可通过调整背吃刀量或测量螺纹牙顶宽度值来控制尺寸，并保证精车余量，精车的步骤如下：

　　1）换精加工螺纹车刀并对刀，使螺纹车刀对准牙槽中间，当刀尖与牙槽底接触后，记下中、小滑板刻度，退出车刀。

　　2）分一次或两次进给，运用直进法车准牙槽底径，并记取中滑板的最后进刀刻度。

3）车螺纹牙槽一侧，在中滑板牙槽底径刻度上采用小滑板借刀法车削。观察并控制切屑形状，每次借刀量为0.02～0.05mm，为避免牙槽底宽扩大，最后一两次进给时，中滑板可做适量进给。

4）用同样的方法精车另一侧面，注意螺纹尺寸，当牙顶宽接近要求时，可用螺纹量规检查螺纹尺寸。螺纹环规用来检测外螺纹，测量时如通端通过而止端拧不进，说明螺纹尺寸符合要求，如图5-21所示。

5）精车时，应加注切削液，并尽量将精车余量留给第二侧面，即第一侧面精车时车出即可。

6）螺纹车完后，牙顶上应用细齿锉修去毛刺。

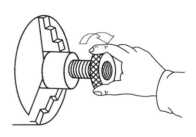

图5-21 用螺纹环规检测外螺纹

四、螺纹的测量和检查

（1）螺纹大径的测量 一般可用游标卡尺或千分尺直接测量。

（2）螺距的测量 螺距一般用游标卡尺测量，在测量时，根据螺距的大小，最好量取2～10个螺距的长度，然后除以2～10，就得出一个螺距的尺寸。如果螺距太小，则用螺距规测量，测量时把螺距规平行于工件轴线方向嵌入牙中，如果完全符合，则螺距是正确的。

（3）螺纹中径的测量（图5-22） 精度较高的三角形螺纹，可用螺纹千分尺测量，所测得的千分尺读数就是该螺纹中径实际尺寸，也可采用三针测量法测量螺纹中径。

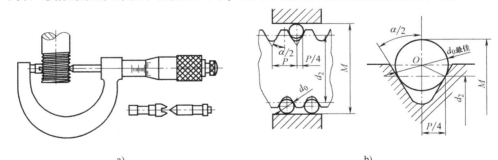

a)   b)

图5-22 用螺纹千分尺或三针测量法检测螺纹中径

（4）综合测量 用螺纹环规或塞规综合检查三角形螺纹，如图5-23所示。首先应对螺纹的直径、螺距、牙型和表面粗糙度等进行检查，然后再测量螺纹的加工精度。如果通端拧进去，而止端拧不进，说明螺纹精度合格。

a)   b)

图5-23 螺纹环规和塞规
a）螺纹环规 b）螺纹塞规

【任务实施】

练一练

根据所学知识，联系生产实际练一练：

1. 正确选择、装夹外螺纹车刀。
2. 做好车削外螺纹前准备工作。
3. 粗、精加工三角形外螺纹（表5-6）。
4. 安全文明生产。

表5-6　车削三角形外螺纹操作步骤

加工步骤	图示	加工内容
1		1. 找正、装夹工件，车平端面 2. 粗加工 ϕ35mm 外圆至 ϕ34.5mm，长度车至33mm 左右
2		1. 调头找正装夹，车端面，保证总长尺寸为75mm 2. 粗、精加工外圆 ϕ30mm×45mm，保证尺寸精度和表面粗糙度值
3		1. 粗、精加工 ϕ24mm×20mm 外圆，保证尺寸精度和表面粗糙度值 2. 倒角 $C2$，去毛刺

（续）

加工步骤	图示	加工内容
4	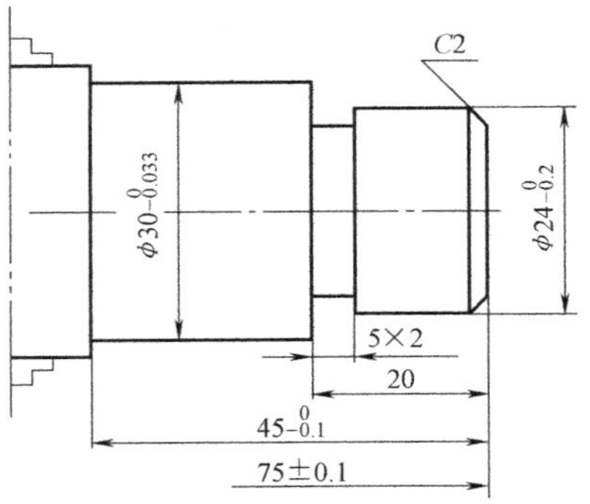	1. 车槽 5mm×2mm，保证槽宽和槽深，保证长度 20mm 至尺寸精度要求 2. 倒角、去毛刺
5	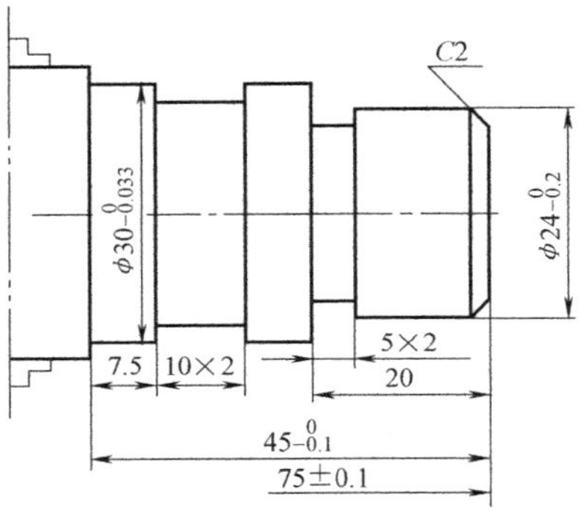	1. 车槽 10mm×2mm，保证槽宽和槽深，保证长度 7.5mm 至尺寸精度要求 2. 倒角、去毛刺
6	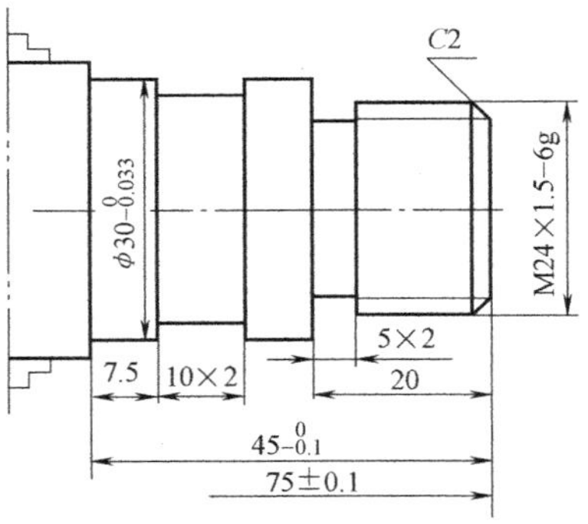	粗、精加工外螺纹 M24×1.5-6g 至要求
7	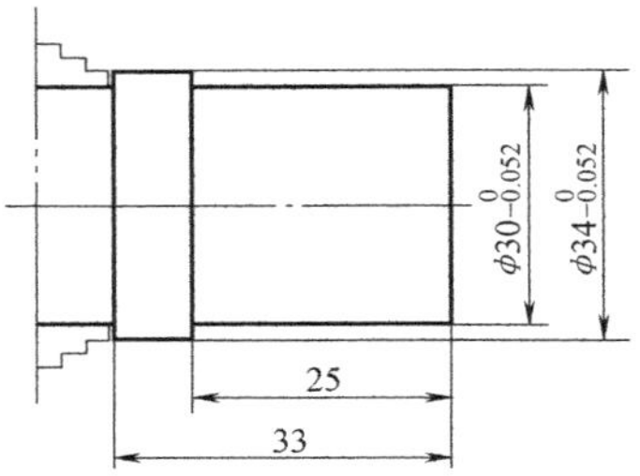	1. 调头找正装夹 2. 粗、精加工 ϕ34mm 外圆至尺寸要求和表面粗糙度要求 3. 粗、精加工 ϕ30mm×25mm 外圆，保证尺寸精度和表面粗糙度值，去毛刺

（续）

加工步骤	图示	加工内容
8	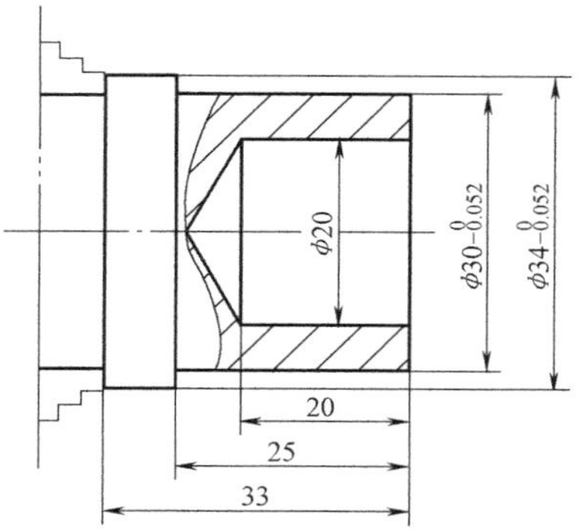	钻孔 $\phi 20\text{mm} \times 20\text{mm}$
9	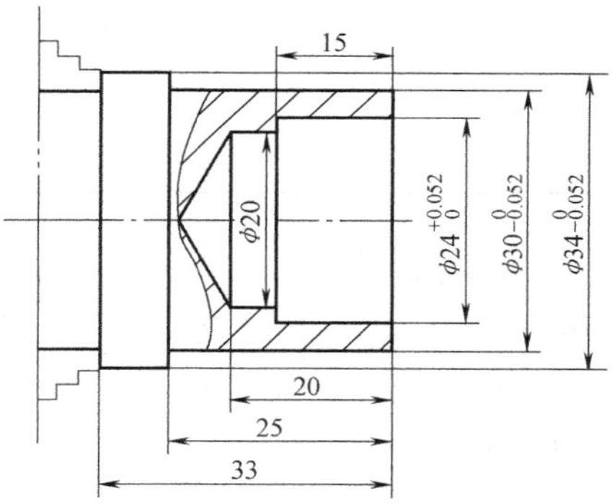	车孔 $\phi 24\text{mm} \times 15\text{mm}$，保证尺寸精度和表面粗糙度值
10	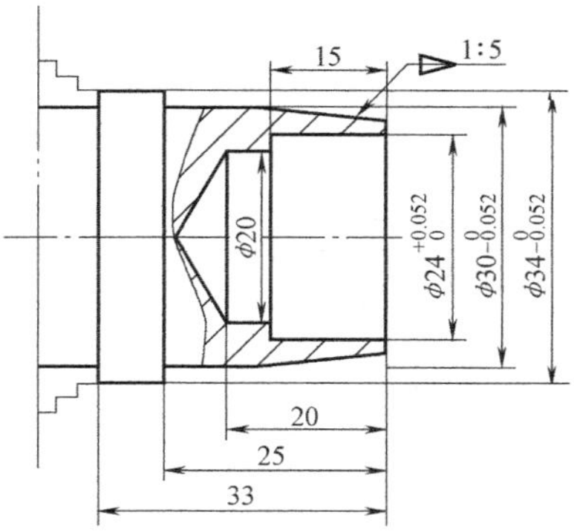	粗、精加工圆锥至尺寸精度和表面粗糙度要求

【任务评价】

通过以上学习，根据任务实施过程，将完成任务情况记入表 5-7、表 5-8 中，完成任务评价。

表 5-7　车削三角形外螺纹任务评价表

任务名称		编号		姓名		日期	
序号	考核内容	考核要求		自评	互评		教师评语
1	知识与技能(60 分)	1. 外螺纹车刀的选择与装夹					
		2. 车外螺纹准备工作					
		3. 车外螺纹方法及操作要领					
2	过程与方法(20 分)	1. 学习态度					
		2. 参与程度					
		3. 过程操作及安全文明生产					
		4. 思维创新					
3	情感态度价值观(20 分)	1. 学习兴趣					
		2. 乐观、积极向上的工作态度					
		3. 责任与担当					
		4. 人与自然的可持续发展思想					
		合计					

表 5-8　车削三角形外螺纹考核评价表

工件名称		班级		姓名		
序号	检测项目	配分/分	评分标准	检测结果		得分
1	$\phi 30_{-0.033}^{0}$ mm/Ra3.2μm	7/3	每超差 0.01mm 扣 2 分,每降一级扣 3 分			
2	$\phi 24_{-0.033}^{0}$ mm/Ra3.2μm	7/3	每超差 0.01mm 扣 2 分,每降一级扣 3 分			
3	$\phi 30_{-0.052}^{0}$ mm/Ra3.2μm	7/3	每超差 0.01mm 扣 2 分,每降一级扣 3 分			
4	$\phi 34_{-0.052}^{0}$ mm/Ra3.2μm	7/3	每超差 0.01mm 扣 2 分,每降一级扣 3 分			
5	$\phi 24_{0}^{+0.052}$ mm/Ra3.2μm	7/3	每超差 0.01mm 扣 2 分,每降一级扣 3 分			
6	锥度 1:5	10	超差不得分			
7	M24 × 1.5-6g	10	环规检测,超差不得分			
8	(75 ± 0.1)mm	3	超差不得分			
9	$45_{-0.1}^{0}$ mm	5	超差不得分			
10	5mm × 2mm	2	超差不得分			
11	10mm × 2mm	3	超差不得分			
12	7.5mm、15mm、20mm、25mm	5	超差不得分			
13	倒角 C2	2	超差不得分			
14	安全文明生产	10	违反一项不得分			
	总分	100	总得分			

【知识拓展】

一、高速车削三角形螺纹

采用硬质合金车刀高速车削螺纹,切削速度可比较低速切削螺纹提高 10 倍以上,并能获得较小的表面粗糙度值，因此生产企业已广泛应用。高速车削螺纹为了避免切屑拉毛螺纹两侧面，不能采用左右切削法，只能采用直进法进刀。

高速车削螺纹的注意事项如下：

1）高速车削螺纹时，因车刀对工件是挤压切削，外径会胀大。因此，车削时工件实际外径应比螺纹大径的公称尺寸小 0.2～0.4mm。

2）高速车削螺纹时，应采用直进法分层切削，对背吃刀量的分配应采取由大逐渐减小的原则，但最后一次的背吃刀量不能小于 0.1mm。

3）车削前，调整好车床大、中、小滑板的间隙，开合螺母使用要灵活方便。

4）注意安全操作，工件装夹要牢固，防止工件轴向位移，操作时精力要集中，以免事故发生。

二、车内螺纹 （图 5-24）

车内螺纹的加工方法与车外螺纹有所相似，要注意以下几个方面：

1）对于车内螺纹前的孔加工，必须先钻孔和车孔，保证孔径 $D_{孔} = d - 1.05P$。

2）车内螺纹的方法及步骤如下：

① 先加工内螺纹孔径，车端面，倒角。

② 安装螺纹车刀，反复练习进、退刀动作（注意进、退方向）。

③ 按加工外螺纹方法加工内螺纹。

④ 车削螺距小于 2mm 的内螺纹用直进法，螺距大于 2.5mm 的螺纹可以用左右切削法，借刀量要适当。

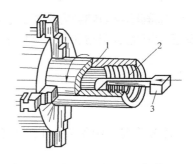

图 5-24　车削内螺纹
1—工件　2—内螺纹　3—刀具

【课后测评】

1. 三角形外螺纹车刀的选择和装夹特点有哪些？
2. 简述车削三角形外螺纹的操作步骤。

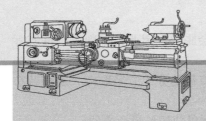

项目六

车工综合技能训练

前面已经对轴类零件加工、套类零件加工、圆锥加工、三角形螺纹加工等知识与技能有了全面的认识与了解，下面进行车工综合技能训练。

任务一　机械用冲头加工

任务情况介绍见表6-1，任务考核评分标准见表6-2。

表6-1　任务情况介绍

工件名称		机械用冲头		工时	120min
材料	45	工量具		游标卡尺、千分尺、内径量表等	
姓名		学号		得分	

任务图

ϕ18　ϕ32$^{0}_{-0.033}$　ϕ38$^{0}_{-0.033}$　ϕ36$^{0}_{-0.033}$　ϕ12　ϕ24$^{+0.052}_{0}$

M24

◎ ϕ0.05 | A

Ra 1.6

30　25$^{+0.10}_{0}$

30　5　20　25　45　1:5　A

115

$\sqrt{Ra\ 3.2}$ ($\sqrt{\quad}$)

技术要求

1. 不准用锉刀、砂布等修整表面。
2. M24大径为 $\phi24^{-0.048}_{-0.423}$，中径为 $\phi22.05^{-0.480}_{-0.248}$。
3. 未注公差尺寸按IT12加工。
4. 锐角倒钝C0.5。

表 6-2 任务考核评分标准

序号	考核要求	配分/分	检测量具	评分标准	检测结果	得分
1	$\phi 38^{\ 0}_{-0.033}$ mm、$Ra3.2\mu m$	6+2	外径千分尺	超0.01mm扣2分		
2	$\phi 36^{\ 0}_{-0.033}$ mm、$Ra3.2\mu m$	6+2	外径千分尺	超0.01mm扣2分		
3	$\phi 32^{\ 0}_{-0.033}$ mm、$Ra1.6\mu m$	6+4	外径千分尺	超0.01mm扣2分		
4	$\phi 18$mm、$Ra3.2\mu m$	1+1	游标卡尺	超差不得分		
5	$\phi 24^{+0.052}_{\ 0}$ mm、$Ra3.2\mu m$	6+4	内径百分表	超0.01mm扣1分		
6	$\phi 24^{-0.048}_{-0.423}$ mm	2	游标卡尺	超差不得分		
7	$\phi 22.05^{-0.480}_{-0.248}$ mm、$Ra3.2\mu m$	12+6	螺纹千分尺	超0.01mm扣2分		
8	$P=3$mm	4	螺纹样板	超差不得分		
9	牙型角60°	6	游标万能角度尺	超差不得分		
10	$\alpha/2=5°42'±8'$、$Ra3.2\mu m$	8+4	游标万能角度尺	超2′扣2分		
11	$\phi 12$mm×30mm	2	游标卡尺	超差不得分		
12	$25^{+0.10}_{\ 0}$ mm	3	游标卡尺	超差不得分		
13	30mm、5mm、20mm、25mm、45mm、115mm	6	游标卡尺	超差不得分		
14	◎ $\phi 0.05$ A	6	百分表	超0.01mm扣1分		
15	未列尺寸及 Ra 值	3		超一处扣1分		
16	安全文明生产			酌情扣1~5分		
姓 名				总 分		

任务二　三角形内、外螺纹配合件加工

任务情况介绍见表6-3，任务考核评分标准见表6-4。

表 6-3 任务情况介绍

工件名称	三角形内、外螺纹配合件			工时	210min
材料	45	工量具		游标卡尺、千分尺、螺纹环规等	
姓名		学号		得分	

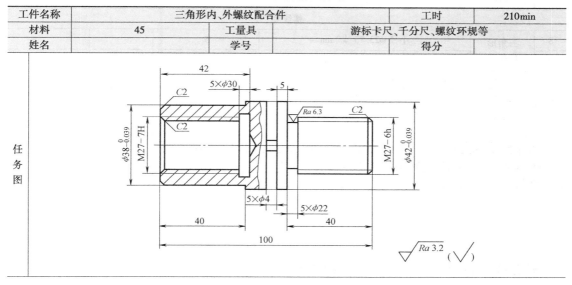

（续）

工件名称	三角形内、外螺纹配合件		工时	210min
材料	45	工量具	游标卡尺、千分尺、螺纹环规等	
姓名		学号		得分

技术要求
1. 未注公差尺寸按IT14加工。
2. 锐角倒钝C0.3。

任务图

表 6-4　任务考核评分标准

序号	项目	考核内容		配分/分		检测结果	得分
				IT	Ra		
螺纹轴							
1	三角	$\phi27_{-0.335}^{0}$ mm		4			
2	形外	M27-6h	Ra3.2μm	20	5		
3	螺纹	30°±5′		5			
4	外圆	$\phi42_{-0.039}^{0}$ mm	Ra3.2μm	10	6		
5		$\phi22$mm	Ra6.3μm	2	1		
6	长度	40mm、5mm（2处）		2			
7	其他	C2		2			
螺纹套							
8	三角形	小径 $\phi23.75_{0}^{+0.5}$ mm		5			
9	内螺纹	M27-7H	Ra3.2μm	20	5		
10	外圆	$\phi38_{-0.039}^{0}$ mm	Ra3.2μm	7	1		
11	长度	42mm、40mm		3			
12	其他	C2（2处）		2			
合　计				100			

评分标准：尺寸精度和形状位置精度超差时该项不得分，表面粗糙度增值时该项不得分
否定项：内、外螺纹分别降两级或无法配合时，此件视为不及格

姓名		总分	

任务三　多阶台螺杆轴加工

任务情况介绍见表6-5，任务考核评分标准见表6-6。

表 6-5　任务情况介绍

工件名称	多阶台螺杆轴		工时	150min
材料	45	工量具	游标卡尺、千分尺、螺纹环规等	
姓名		学号	得分	

任务图

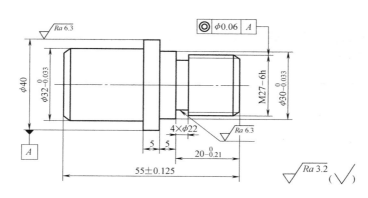

技术要求
1. 未注倒角C2，锐角倒钝C0.3。
2. 未注公差尺寸外圆按IT12加工，长度按IT14加工。
3. 不允许用锉刀、砂布修整工件。

表 6-6　任务考核评分标准

序号	项目	考核内容		配分/分		检测结果	得分
				IT	Ra		
1	三角形外螺纹	$\phi 27^{\ 0}_{-0.375}$ mm		5			
2		M27-6h	$Ra3.2\mu m$	20	8		
3		牙型半角 30°±5′		5			
4	外圆	$\phi 30^{\ 0}_{-0.033}$ mm	$Ra3.2\mu m$	10	5		
5		$\phi 32^{\ 0}_{-0.033}$ mm	$Ra3.2\mu m$	10	5		
6		$\phi 40$ mm	$Ra6.3\mu m$	4	1		
7		$\phi 22$ mm	$Ra6.3\mu m$	2	1		
8	长度	$20^{\ 0}_{-0.21}$ mm		5			
9		(55±0.125) mm		5			
10		5mm、5mm、4mm		2			

（续）

序号	项目	考核内容	配分/分		检测结果	得分
			IT	*Ra*		
11	其他	*C*2(2 处)	2			
12		◎ *φ*0.06 A	10			
合 计			100			

评分标准:尺寸精度和形状位置精度超差时该项不得分,表面粗糙度值升高时该项不得分

否定项:M27-6h 中径尺寸超差至 9 级以上时,此件视为不及格

姓名			总 分		

参 考 文 献

[1] 张福润，徐鸿本，刘延林. 机械制造技术基础 [M]. 武汉：华中理工大学出版社，1999.
[2] 机械工业职业技能鉴定指导中心. 车工技术（高级）[M]. 北京：机械工业出版社，2006.
[3] 全国职业教育规划教材编审委员会. 车工工艺与技能训练 [M]. 天津：南开大学出版社，2000.
[4] 赵光霞. 机械制造技术——加工技能训练 [M]. 北京：高等教育出版社，2008.
[5] 王茂元. 机械制造技术 [M]. 北京：机械工业出版社，2011.
[6] 乔世民. 机械制造基础 [M]. 2 版. 北京：高等教育出版社，2008.